一、常见草坪

观赏草坪

休闲草坪

高尔夫球场草坪

网球场草坪

广场草坪

公园草坪

彩 图

看台草坪

护坡草坪

林下草坪

公墓草坪

园路草坪

缀花草坪

庭院草坪

停车场草坪

无土草坪

天然草坪

彩 图

二、常见草坪草种

匍匐剪股颖植株与花序

紫羊茅植株与花序

地毯草植株与花序

草地早熟禾植株与花序

黑麦草植株与花序

高羊茅植株与花序

彩 图

狗牙根植株与花序

一年生早熟禾

沟叶结缕草植株与花序

细叶结缕草植株与花序

钝叶草植株与花序

结缕草植株与花序

假俭草植株与花序

双穗雀稗

海滨雀稗

百喜草植株与花序

野牛草

麦　冬

白三叶

马蹄金

三、常用草坪建坪方法

（一）草茎繁殖法建植草坪

1. 坪地翻耕与整平

坪地土壤耕作施工

坪地土壤破碎、平整

2. 撒播草茎建植草坪

撒播种茎

把种茎轧进坪地土壤

滚　压

浇透水保湿至种茎生根

（二）满铺草皮法建植草坪

1. 建坪草皮起挖

起草皮前修剪

草皮起挖捆扎

2. 坪地耕作整理

翻耕土壤

破碎土壤

剔除大粒径土块

铺设前平整土地

3. 铺设草皮

满铺草皮

铺设后镇压

细沙填缝

表层覆盖细土

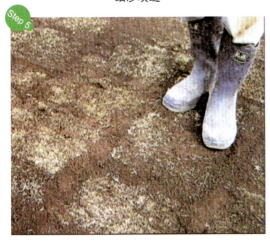

再次镇压

浇透水保湿至成活

（三）喷播法建植草坪

1. 坡面处理施工

场地整理

坪地整平修饰

2. 喷播法建坪

喷播作业并覆盖无纺布

出苗后水分管理

（四）种子直播法建植草坪

1. 种子与播种器械准备

种　子

播种机

2. 播种前坪地整理

翻耕土壤

破碎土壤

去除大颗粒土块

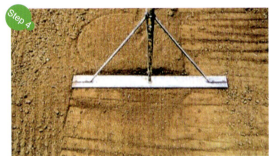

平整，稍微压实坪地

3. 播种建坪

播种前"起毛面"

播种草种

播种后再次镇压

覆盖，浇透水，保湿至萌发

四、草坪机械

手摇式撒播机

手推式撒播机

直落式播种机

牵引式撒播机

乘驾式果岭施肥机

草坪喷播机

草皮铺植机

起草皮机

手推自走式旋刀剪草机

坐骑式旋刀剪草机

坐骑式旋刀草坪修剪车

彩 图

气浮式旋刀剪草机

手推自走式滚刀剪草机

硬轴传动割灌机

软轴传动割灌机

坐骑式三联滚刀剪草车

坐骑式五联滚刀剪草车

果岭滚刀剪草机

梳草机

垂直打孔机

牵引式打孔机

牵引式覆沙机

手推式覆沙机

耙沙机

草坪滚压机

打药车

手推式打药机

背负式打药机

背负式喷雾喷粉机

五、草坪养护

草坪修剪

草坪打孔

草坪梳草

草坪铺沙

机械化施肥

半机械化施肥

草坪喷灌

喷施农药防治病虫害

彩 图

六、草坪常见病害

黏菌病　　　　　　　黑粉病　　　　　　　白粉病

叶斑病　　　　　　　腐霉病　　　　　　　腐霉菌枯萎病

褐斑病　　　　　　　离蠕孢叶枯病　　　　镰刀枯萎病

蘑菇圈　　　　　　　夏季枯斑病　　　　　锈　病

七、草坪常见虫害

草地螟幼虫　　　　　草地夜蛾幼虫　　　　　蚜　虫

叶　蝉　　　　　　　地老虎幼虫　　　　　地老虎成虫

蝼　蛄　　　　　　　　　　介壳虫

绿　蚜　　　　　　　　　　蝗　虫

金龟子　　　　　　　斜纹夜蛾幼虫

彩 图

大蚊幼虫	短额负蝗	叶 甲
螨 类	蟋 蟀	蓟 马
蚂 蚁	黏虫幼虫	黏虫成虫
蛴 螬	蚯 蚓	瑞典秆蝇
草地贪夜蛾幼虫	大棉铃虫成虫	淡剑夜蛾幼虫

彩 图

八、草坪杂草

白茅　　　稗草　　　宝盖草

萹蓄　　　播娘蒿　　车前

小蓟（刺儿菜）　酢浆草　　大巢菜

彩 图

结缕草　　　　　　　　狗尾草　　　　　　　　灰　菜

繁　缕　　　　　　　　大　蓟　　　　　　　　反枝苋

节节草　　　　　　　　金爪儿　　　　　　　　苣荬菜

卷　耳　　　　　　　　看麦娘　　　　　　　　苦苣菜

酸模　　　　　　　　　蓼　　　　　　　　　龙葵

芦苇　　　　　　　　　葎草　　　　　　　　马齿苋

马唐　　　　　　　　　毛茛　　　　　　　　苍耳

泥胡菜　　　　　　　　牛筋草　　　　　　　牛毛草

彩 图

蒲公英　　荠　菜　　千金子

婆婆纳　　雀　麦　　香附子

双穗雀稗　　水飞蓟　　碎米莎草

全国林业职业教育教学指导委员会
高职园林类专业工学结合"十二五"规划教材

草坪建植与养护

CAOPING
JIANZHIYUYANGHU

刘南清 周兴元 ◎主编

中国林业出版社

内容简介

"草坪建植与养护"是我国高职高专院校园林类、高尔夫场地管理等专业的专业核心课,也是农学、生态和资源环境类各专业的专业课。本教材以项目导向、任务驱动为依据,按照"项目—任务"的模式进行编写,每个项目包括教学目标与项目任务,每个任务包括知识目标、技能目标、任务分析与描述、相关知识链接、实训任务分解、技能实训练习、考核评价等部分,注重实践操作与实际运用能力的培养,体现高等职业教育的特点。主要内容包括:认识草坪及草坪草,草坪建植前规划,草坪建植,草坪养护,附录,共4个项目18个任务。

本教材可作为园林类、园艺技术、环境保护类等专业的高职高专与成人教育的教材,也可作为相关专业的农技推广人员、工程技术人员的参考用书。

图书在版编目(CIP)数据

草坪建植与养护/刘南清,周兴元主编. —北京:中国林业出版社,2015.8 (2021.1重印)
全国林业职业教育教学指导委员会高职园林类专业工学结合"十二五"规划教材
ISBN 978 - 7 - 5038 - 8065 - 0

Ⅰ.①草… Ⅱ.①刘…②周… Ⅲ.①草坪 - 观赏园艺 - 高等职业教育 - 教材 Ⅳ.①S688.4

中国版本图书馆 CIP 数据核字(2015)第163797号

中国林业出版社教育出版分社

策划编辑:牛玉莲　康红梅　田　苗　　责任编辑:田　苗
电话:83143557　　　　　　　　　　　　传真:83143516

出版发行	中国林业出版社(100009　北京西城区德内大街刘海胡同7号)
	E-mail: jiaocaipublic@163.com　电话:(010)83143500
	网　站:http://lycb.forestry.gov.cn
经　销	新华书店
印　刷	北京紫瑞利印刷有限公司
版　次	2015年8月第1版
印　次	2021年1月第2次印刷
开　本	787mm×1092mm　1/16
印　张	11　彩插 24
字　数	292千字
定　价	42.00元

未经许可,不得以任何方式复制或抄袭本书之部分或全部内容。

版权所有　侵权必究

全国林业职业教育教学指导委员会
高职园林类专业工学结合"十二五"规划教材
专家委员会

主 任
丁立新（国家林业局）

副主任
贺建伟（国家林业局职业教育研究中心）
卓丽环（上海农林职业技术学院）
周兴元（江苏农林职业技术学院）
刘东黎（中国林业出版社）
吴友苗（国家林业局）

委 员 （姓氏按拼音排序）
陈科东（广西生态工程职业技术学院）
陈盛彬（湖南环境生物职业技术学院）
范善华（上海市园林设计院有限公司）
关继东（辽宁林业职业技术学院）
胡志东（南京森林警察学院）
黄东光（深圳市铁汉生态环境股份有限公司）
康红梅（中国林业出版社）
刘 和（山西林业职业技术学院）
刘玉华（江苏农林职业技术学院）
路买林（河南科技大学林业职业学院）
马洪军（云南林业职业技术学院）
牛玉莲（中国林业出版社）
王 铖（上海市园林科学研究所）
魏 岩（辽宁林业职业技术学院）
肖创伟（湖北生态工程职业技术学院）
谢丽娟（深圳职业技术学院）
殷华林（安徽林业职业技术学院）
曾 斌（江西环境工程职业学院）
张德祥（甘肃林业职业技术学院）
张树宝（黑龙江林业职业技术学院）
赵建民（杨凌职业技术学院）
郑郁善（福建林业职业技术学院）
朱红霞（上海城市管理职业技术学院）
祝志勇（宁波城市职业技术学院）

秘 书
向 民（国家林业局职业教育研究中心）
田 苗（中国林业出版社）

《草坪建植与养护》
编写人员

主　编

刘南清
周兴元

副主编

左　昆
于　娜
鲁富宽

编写人员（按姓氏拼音排序）

刘南清（江苏农林职业技术学院）
鲁富宽（内蒙古农业大学职业技术学院）
王　齐（云南林业职业技术学院）
薛　永（上海市农业科学院）
于　娜（山西林业职业技术学院）
张兆松（江苏南通小洋口北上海乡村俱乐部高尔夫球场）
周兴元（江苏农林职业技术学院）
周一波（中央农业广播学校南京分校）
左　昆（江苏农林职业技术学院）

序言 Foreword

我国高等职业教育园林类专业近十多年来经历了由规模不断扩大到质量不断提升的发展历程，其办学点从2001年的全国仅有二十余个，发展到2010年的逾230个，在校生人数从2001年的9080人，发展到2010年的40 860人；专业的建设和课程体系、教学内容、教学模式、教学方法以及实践教学等方面的改革不断深入，也出版了富有特色的园林类专业系列教材，有力推动了我国高职园林类专业的发展。

但是，随着我国经济社会的发展和科学技术的进步，高等职业教育不断发展，高职园林类专业的教育教学也显露出一些问题，例如，教学体系不够完善、专业教学内容与实践脱节、教学标准不统一、培养模式创新不足、教材内容落后且不同版本的质量参差不齐等，在教学与实践结合方面尤其欠缺。针对以上问题，各院校结合自身实际在不同侧面进行了不同程度的改革和探索，取得了一定的成绩。为了更好地汇集各地高职园林类专业教师的智慧，系统梳理和总结十多年来我国高职园林类专业教育教学改革的成果，2011年2月，由原教育部高职高专教育林业类专业教学指导委员会（2013年3月更名为教育部林业职业教育教学指导委员会）副主任兼秘书长贺建伟牵头，组织了高职园林类专业国家级、省级精品课程的负责人和全国17所高职院校的园林类专业带头人参与，以《高职园林类专业工学结合教育教学改革创新研究》为课题，在全国林业职业教育教学指导委员会立项，对高职园林类专业工学结合教育教学改革创新进行研究。同年6月，在哈尔滨召开课题工作会议，启动了专业教学内容改革研究。课题就园林类专业的课程体系、教学模式、教材建设进行研究，并吸收近百名一线教师参与，以建立工学结合人才培养模式为目标，系统研究并构建了具有工学结合特色的高职园林类专业课程体系，制定了高职园林类专业教育规范。

2012年3月，在系统研究的基础上，组织80多名教师在太原召开了高职园林类专业规划教材编写会议，由教学、企业、科研、行政管理部门的专家，对教材编写提纲进行审定。经过广大编写人员的共同努力，这套总结10多年园林类专业建设发展成果，凝聚教学、科研、生产等不同领域专家智慧、吸收园林生产和教学一线的最新理论和技术成果的系列教材，最终于2013年由中国林业出版社陆续出版发行。

该系列教材是《高职园林类专业工学结合教育教学改革创新研究》课题研究的主要成果之一，涉及18门专业（核心）课程，共21册。编著过程中，作者注意分析和借鉴国内已出版的多个版本的百余部教材的优缺点，总结了十多年来各地教育教学实践的经验，深入研

究和不同课程内容的选取和内容的深度,按照实施工学结合人才培养模式的要求,对高等职业教育园林类专业教学内容体系有较大的改革和理论上的探索,创新了教学内容与实践教学培养的方式,努力融"学、教、做"为一体,突出了"学中做、做中学"的教育思想,同时在教材体例、结构方面也有明显的创新,使该系列教材既具有博采众家之长的特点,又具有鲜明的行业特色、显著的实践性和时代特征。我们相信该系列教材必将对我国高等职业教育园林类专业建设和教学改革有明显的促进作用,为培养合格的高素质技能型园林类专业技术人才作出贡献。

全国林业职业教育教学指导委员会
2013 年 5 月

前言

绿色的草坪起源于天然草地，在现代社会，随着经济的发展与文明的进步，草坪已经成为人们美化居所、庭院，建造运动场、公共绿地、休闲场所等必不可少的组成部分，草坪已经融入现代人们生活的方方面面。

我国草坪起源较早，在《诗经》中就有文字记载，但是在漫长的历史中发展缓慢。我国现代草坪的发展伴随着改革开放的进程，经过二三十年的发展，至今已经形成了包括草坪生产、流通、建植、养护、经营、教育和科研在内的一个大产业。为满足草坪业的快速发展，迫切需要既有一定理论基础又有较强实践技能的草坪生产、经营和管理的技术型人才。

本教材是全国林业职业教育教学指导委员会高职园林类专业工学结合"十二五"规划教材，依托江苏农林职业技术学院园林技术国家资源库建设项目的草坪建植与养护子课程项目的建设资源，组织全国主要农林高职院校中具有深厚理论基础的教师及行业内有实践工作经验的技术人员进行编写。

本教材的编写理论部分以适度、够用为度，技能方面坚持实用性、实践可操作性的原则，突出对学生综合能力、专业技术能力的培养。项目教学以技能培养为主，突出应用性、实用性与可操作性，体现当前高职教育的特点。

本教材内容包括：草坪类型及草坪草识别、草坪建植前规划、草坪建植技术、草坪养护技术、附录，共21个任务。具体分工如下：于娜，项目1；刘南清，项目2；王齐，项目3；刘南清、左昆、张兆松，项目4；周一波、薛永，附录1；左昆、张兆松，附录2；左昆提供全书彩图。刘南清、周兴元负责统稿。

本教材可用于高职高专园林类、园艺技术、高尔夫场地管理、林学类专业的专业课教材。

在教材编写过程中，编写人员态度严谨，但由于水平有限，不妥之处在所难免，敬请读者批评指正。

编　者
2015年6月

目录

彩　图
序　言
前　言

项目1　认识草坪及草坪草　　　　　　　　　　　　　　　　1
　任务1.1　认识草坪的类型　　　　　　　　　　　　　　　　1
　任务1.2　认识草坪草的类型　　　　　　　　　　　　　　　9
　任务1.3　认识草坪草的器官形态特征　　　　　　　　　　16
　任务1.4　草坪草识别　　　　　　　　　　　　　　　　　25

项目2　草坪建植前规划　　　　　　　　　　　　　　　　31
　任务2.1　草种规划　　　　　　　　　　　　　　　　　　31
　任务2.2　坪地制作　　　　　　　　　　　　　　　　　　38

项目3　草坪建植　　　　　　　　　　　　　　　　　　　44
　任务3.1　播种建坪　　　　　　　　　　　　　　　　　　44
　任务3.2　铺植建坪　　　　　　　　　　　　　　　　　　53
　任务3.3　种茎撒播建坪　　　　　　　　　　　　　　　　58
　任务3.4　无土草毯生产技术　　　　　　　　　　　　　　61

项目4　草坪养护　　　　　　　　　　　　　　　　　　　67
　任务4.1　水分管理　　　　　　　　　　　　　　　　　　67
　任务4.2　养分管理　　　　　　　　　　　　　　　　　　71

目录

　　任务 4.3　草坪修剪　　　　　　　　　　　　　　　　77
　　任务 4.4　病害防治　　　　　　　　　　　　　　　　89
　　任务 4.5　虫害防治　　　　　　　　　　　　　　　　103
　　任务 4.6　杂草防治　　　　　　　　　　　　　　　　115
　　任务 4.7　草坪坪地中耕通透　　　　　　　　　　　　133
　　任务 4.8　衰退草坪复壮　　　　　　　　　　　　　　140

附录　　　　　　　　　　　　　　　　　　　　　　　146
　　附录 1　其他营养繁殖建植草坪的常用方法　　　　　　146
　　附录 2　常见草坪草种　　　　　　　　　　　　　　　147

参考文献　　　　　　　　　　　　　　　　　　　　　163

项目 1　认识草坪及草坪草

学习目标

【知识目标】
(1) 了解草坪和草坪草概念、分类及特性的基础知识。
(2) 准确掌握常见禾本科草坪草的根、茎、叶、花序等各个主要器官的形态特征，以及相应的分枝类型及其成坪特点。

【技能目标】
(1) 能识别禾本科草坪草的基本形态结构，具备区别鉴定禾草的能力。
(2) 能识别不同草坪草分枝方式和分枝类型。
(3) 能通过草坪草的叶片形态、心叶形态、分枝方式和分枝类型、花序类型识别常用草种。
(4) 能运用草坪草分种检索表识别常见的禾本科草坪草。
(5) 会编简单的禾本科草坪草分种检索表。

任务 1.1　认识草坪的类型

工作任务

【任务描述】
　　草坪根据分类方式的不同可以分为很多类型，本任务旨在让学生通过学习，掌握草坪的概念，了解各种不同类型的草坪，重点掌握依据利用目的与草坪的功能对草坪进行准确分类，并了解不同功能的草坪的草种特征、建植与养护特点。

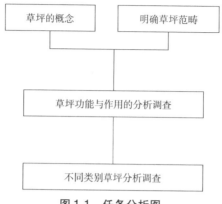

图1-1 任务分析图

【任务分析】

本任务具体有3个方面内容：一是掌握草坪的概念和范畴；二是观察汇总草坪的功能与作用；三是调查学校及周边的草坪，并进行准确分类（图1-1）

 知识准备

1.1.1 草坪的概念

草坪是日常生活中随处可见，极其普遍的一种绿色植被，随着人类社会的进步和经济发展，其内涵不断发生改变。草坪在《辞海》一书中注释为："草坪亦称草地，是园林中用人工铺植草皮或播种种子培养形成的绿色地面"。当然，现代的草坪不仅限于园林，还存在于运动场、水土保持地、路旁、飞机场、工厂等地。这在一定意义上道出了草坪作为人工植被的基本含义。

因此，严格地讲，草坪是由多年生低矮密集的草本植物，经人工建植与养护管理而形成的相对均匀、平整的草地。它包括草坪植物的地上部分以及根系和表土层构成的整体。

草坪这个概念包括以下3个方面的内容：

（1）草坪的性质为人工植被，它由人工建植并需要定期修剪等养护和管理，或由天然草地经人工改造而成，具有强烈的人工干预的性质，以此和纯天然草地相区别。

（2）其基本的景观特征是以低矮的多年生草本植物为主体相对均匀地覆盖地面，以此和其他的园林地被植物相区别。

（3）草坪具有明确的使用目的。

草坪与草坪草的区别是：草坪草指草坪植物本身，只涉及植物群落；而草坪则代表一个较高水平的生态有机体，不仅包括草坪草，而且包括其着生的土壤表层。

当草坪被铲起用来栽植时称之为草皮。

1.1.2 草坪的功能与作用

1.1.2.1 草坪的生态效应

草坪的生态效应是首要的。它与人类的健康直接相关。人的健康首先要着眼于生存环境。因此草坪在改善城市生态环境功能方面的作用不容忽视。

（1）改善城市小气候

小气候主要是指地层表面属性的差异性所造成的局部地区气候。植被对地表的温度和离地面2m左右的气温影响很大，人类大部分活动也正是在离地面2m的范围内进行，实质上目前人类对气候的改造还限于对小气候条件进行改造。

当夏季城市气温为27.5℃时，草地表面温度为22～24.5℃，比裸露地面低6～7℃，比沥青路表面温度低8～20℃。日本对绿地改善温度状况进行测定，大阪公园在盛夏晴朗无云时测定气温情况：直射日光下裸露地表温度13:30时最高，接近48℃；同时间阴凉草地上温度为30℃，两者相差18℃。

夏季，草坪植物体内水分蒸腾，增加空气湿度，在无风情况下，草坪近地层空气湿度比裸露地面高5%～18%。

草坪对减低风速的作用明显。大风时表面风速比裸露地面低9%～11%。

（2）减少疾病传染，控制致敏性花粉数量

空气中散布着各种细菌和病原菌等微生物，不少是对人体有害的病菌，时常侵袭着人体。许多草坪植物能分泌杀菌素而具有杀菌作用，草坪近地层空气中细菌含量仅为公共场所的1/30 000。尤其在修剪时，植物受伤后产生杀菌素的作用更趋强烈。禾本科植物以红狐茅（Festuca rubro）的杀菌能力最强。

草坪生长茂密，可减少产生致敏性花粉杂草的侵入。有规律的修剪使草坪保持低矮，促进营养生长，限制花的形成，不产生花粉。

（3）吸收声流，减弱噪音和光污染

研究表明，草坪具有降低噪音的功能，也具有多方位反射入射光的能力，因此也就减少了强光污染。草坪与乔灌木组合可更加显著地减低噪音。美国内布拉斯加大学联合林业部门的研究表明，采用乔木、灌木、草坪相结合的林带可降低噪声8～12dB，其效果比单独采用高大稠密的宽林带（一般可降低5～10dB）好。另据北京市园林科学研究所测定，20m宽的草坪可降低噪音2dB。西方某国家曾尝试应用草坪、乔木、灌木相结合最大限度地降低音乐厅的噪音。

（4）固定表土，改良土壤，控制土壤侵蚀

草地能减少水土流失，原因是草的根和茎能固定表土。这些不断更新的根系在地下结织成细密的网络，把表土紧紧地联结在一起，从而起到固定表土的作用。

植物的地下根系能吸收有害物质而具有净化土壤的能力。有植物根系分布的土壤中，好氧细菌比没有根系分布的土壤多几百倍至几千倍，故能促使土壤中的有机物迅速无机化，因此既能净化土壤，又增加了肥力。

草坪是城市土壤净化的重要地被植物，城市中一切裸露的土地，种植草坪后，不仅可以改善地上的环境卫生,而且也能改善地下的土壤卫生条件。

(5)净化空气,吸滞粉尘,减少污染

生长良好的草坪,在进行光合作用时,每平方米面积可吸收 CO_2 约 1.5g/h,每人呼吸排出 CO_2 约 38g/h,所以白天只要有 $25m^2$ 的草坪就可以把一个人呼出的 CO_2 吸收。此外,草坪还能吸收、拦截、分解二氧化硫(SO_2)、氨(NH_3)、硫化氢(H_2S)、氯化氢(HCl)及臭氧(O_3)等有毒气体。

草坪生长旺盛时,其叶面积比其占地面积大 22~28 倍,据日本测定,有草坪足球场近地层空气含尘量比无草坪足球场少 2/3~5/6,因此减尘作用明显。近年来城市受沙尘暴的影响甚为严重,沙尘的危害既有城市自身的原因,也受城市外围环境的影响。城市的裸露地面积大,道路、建筑等施工过程的沙土扬尘,都是造成沙尘的内在原因。以北京为例,其沙尘来源于本地的占 85%,源于西北、华北沙漠和黄土高原的仅占 15%,所以做到"黄土不露天",运用草坪、地被植物覆盖地面,组成低矮、密实的草层覆盖地面,对于抑制和吸附尘土,无疑是简单、经济和有效的手段。

(6)安全防护,保持水土

草坪是最经济的护坡护岸及覆地材料,是预留建筑用地的最适合的绿化材料,当下面有工程设施或岩层、石砾,而且地表土层厚度在 30cm 以内时,草坪是首选的绿化材料。另外,对于整个城市生态系统而言,出于安全需要,规定和保留一定数量的草坪也是十分必要的。大面积草坪,可以在紧急时刻,如火灾、地震,起到集散人群的作用。如日本东京上野公园中宽阔的草坪,曾在地震中疏散居民时发挥了重大作用,这一事实给城市规划工作者提供了重要启示,在日本城市规划中,就采用了"避灾公园"的绿地系统概念。

草坪植物能固持土壤,减低地表径流,减少水土冲刷,保护露天水体免受污染。据研究,不同土地的表层 20cm 厚的土层,被雨水冲刷所需要的时间,草地为 3.2 万年,而裸地仅为 18 年。

1.1.2.2　草坪的社会效益

草坪是人类活动的良好场所,而且在自然绿色的草坪上活动对陶冶人们的情操、增进身心健康都有良好的效果。人们在草坪中得到物质和精神的享受,再以充沛的精力投入到新的学习工作中,这是不可估量的社会效益。

1.1.2.3　草坪的美学功能

(1)提供开阔的视野和宜人的空间配置

草坪的宜人绿色、优良质地、开阔平坦等特点,使它成为园林景观中不可缺少的要素,它与其他园林要素如地形、水体、建筑、小品及其他植物材料等相配合,可以构成具有层次与景深、亲切自然而又富于变化的美丽园林空间。

(2)使各环境要素和谐统一

在组成生活环境的人工和自然要素中,建筑、道路、乔木、灌木、花卉都是相对独立、分散的,草坪像绿色的地毯,将所有这些要素连接起来,并最终形成一个和谐的整体。因此,草坪除了本身是重要的造型语言之外,它与其他的环境要素相结合,具有了更丰富的表现能力,成为环境美中不可替代的协调者。

1.1.2.4 草坪的经济效益

高质量的草坪是体育运动设施、游乐场地、物业建设、边坡提坝等的重要组成部分。草坪的多功能特性,使草坪业成为社会经济中不可缺少的产业。从它诞生之日起,就表现出极其显著的社会、生态、经济效益,使自身得以稳定、持续、快速发展。美国草坪业的投入产出比约为1:50,我国的投入产出比也已经达到1:3.5的水平。草坪业的经济效益始终居于种植业的首位。

1.1.3 草坪的类别

草坪与人类的生产与生活有着密切联系,随着人们对草坪需求的不断增加,对草坪的应用方法也多种多样,从不同的标准及角度出发,可以把草坪分为以下类型。

1.1.3.1 依据草坪的用途与功能分类

(1) 游憩草坪

游憩草坪指供散步、休息、游戏及户外活动用的草坪。这类草坪在绿地中没有固定的形状,面积大小不等,管理粗放,一般允许人们入内游憩活动,游憩草坪一般选用叶细、韧性较大、较耐踩踏的草种。随着绿化面积的不断扩大,国民素质的不断提高和适宜品种的开发研究,应逐渐加大此类草坪的规划和建植面积。

(2) 观赏草坪

供观赏使用,一般不允许游人入内游憩或践踏,属于封闭式草坪。观赏草坪常铺设在广场雕像、喷泉周围和纪念物前等处,作为景前装饰或陪衬景观。一般选用色泽宜人、质地均一、绿期长的草种建植。

(3) 运动场草坪

运动场草坪指供体育活动用的草坪,如足球场草坪、网球场草坪、高尔夫球场草坪、木球场草坪、武术场草坪、儿童游戏场草坪等。这类草坪的建植应以耐践踏的品种为主,要有极强的恢复力,同时要考虑草坪的弹性、硬度、摩擦性及其他方面的性能,应根据不同体育项目的要求有所侧重。

(4) 交通安全草坪

主要设置在陆路交通沿线,尤其是高速公路两旁,以及飞机场的停机坪上,具有吸尘、吸收尾气、弱化噪音及防火、防灾等作用。交通安全草坪要求覆盖度好,适应性强,耐粗放管理。

(5) 保土护坡的草坪

在坡地、水岸、堤坝、公路与铁路边坡等位置建植,主要用于固土护坡、防止水土流失,称为保土护坡草坪或护坡固土草坪。因为这些位置都是立地条件差且不易管理,所以建植时应选用适应性强、抗性强、生长迅速、草层紧密、根系发达或具有发达匍匐茎的草种。

(6) 牧草坪

牧草坪指以供放牧为主,结合园林游憩的草地。多为混合草地,以营养丰富的牧草为主,一般多在森林公园或风景区等郊野园林中应用。应选用生长健壮的优良牧草,利用地形排水,具自然风趣。

(7)环保草坪

在具有严重污染源的工矿企业或地区,选用对污染物具有吸收、吸附、净化能力的草种为主体,缀以对污染物具有一定敏感度的,即具有指示性能的草种建立的草坪,旨在监测和净化环境。

1.1.3.2 依据草坪草的组成分类

(1)单纯草坪

单纯草坪指由一种草坪草种或品种建植的草坪,又称单一草坪或者纯一草坪。其特点是:生长整齐、美观、低矮、稠密、叶色一致等,养护管理要求精细。如草地早熟禾草坪、结缕草草坪、狗牙根草坪等。在我国北方选用野牛草、草地早熟禾、结缕草等植物来铺设单纯草坪。在我国南方等地则选用马尼拉草、中华结缕草、假俭草、地毯草、草地早熟禾、高羊茅等。

(2)混合草坪

由多种草坪草种或者品种建植而成的草坪称为混合草坪。可按草坪功能性质、抗性不同和人们的要求,合理地按比例混合以提高草坪效果,达到成坪快、绿期长、寿命长等效果。例如,在我国北方,采用草地早熟禾+紫羊茅+多年生黑麦草,在我国南方,以狗牙根、地毯草或结缕草为主要草种,可混入多年生黑麦草等。

(3)缀花草坪

在草坪上(混合的或单纯的)配置一些多年生草本花卉。这类草坪,花卉种植面积不能超过草坪总面积的1/3,花卉分布疏密有致、自然错落。如二月蓝、葱兰、鸢尾、石蒜、丛生福禄考、马蔺、玉簪、红花酢浆草等花卉。

1.1.3.3 根据草坪与树木的组合分类

(1)空旷草坪

草地上不栽植任何乔灌木或在边缘少量布置。这种草地由于比较开旷,主要供体育游戏、群众活动用,平时供游人散步、休息,节日可作演出场地。在视觉上比较单一,一片空旷,在艺术效果上具有单纯而壮阔的气势,缺点是遮阴条件较差。

(2)稀树草坪

草坪上稀疏地分布一些单株乔灌木,株行距很大,树木的覆盖面积(郁闭度)为草坪总面积的20%~30%时,称为稀树草坪。稀树草坪主要是供大量人流活动游憩用的草坪,又有一定的荫蔽条件,有时则为观赏草坪。

(3)疏林草坪

在草地上布置有高大乔木,其株距在10m左右,其郁闭度在30%~60%。但到了夏日炎热的季节,由于草地上没有树木庇荫,因而利用率低。这种疏林草坪,由于林木的庇荫性不大,可种植禾本科草本植物,因草坪绝对面积较小,既可进行小型活动,也可供游人在林荫下游憩、阅读、野餐,进行空气浴等活动。

(4)林下草坪

林下草坪是在郁闭度大于70%以上的密林地下建植的草坪。林下草坪由于树木的株行距很密，不适于游人在林下活动，同时林下的阴性草本植物，组织内含水量很高，不耐踩踏，因而这种林下草坪，以观赏和保持水土流失为主。

1.1.3.4 根据园林规划的形式不同分类

（1）自然式草坪

地形自然起伏，草坪及周围的植物是自然式布置，周围的景物、道路、水体和草坪轮廓均为自然式布置，这种草坪就是自然式草坪。多数游憩草坪、缀花草坪和疏林、林下草坪等都是自然式草坪。

（2）规则式草坪

地形平整，或具几何形的坡地和台地上的草坪，或草坪与其相配合的道路、水体、树木等均为规则式布置的，称之为规则式草坪。一般足球场、网球场、飞机场，以及规则式的公园、游园、广场及街道上的草坪，多为规则式草坪。

1.1.3.5 根据草坪的绿期分类

（1）常绿草坪

常绿草坪指在当地四季常绿的草坪。严格意义上仅指选用在当地常绿的草坪草形成的常绿草坪。广义的尚含应用夏绿型与冬绿型草种"套用"建立的"套用常绿草坪"，以及应用保护栽培技术形成的保护的常绿草坪。后两种常绿草坪的造价和养护管理费用均有不同程度的增加。

（2）夏绿草坪

由在当地表现为夏绿型的草坪草建立的草坪，春、夏、秋三季保持绿色，绿期常与当地无霜期吻合，冬季则枯黄休眠。这类草坪的生长旺季常自仲夏至仲秋，尤以夏季为甚。

（3）冬绿草坪

由在当地表现为冬绿型的草坪草建植的草坪，秋、冬、春保持绿色，夏季则黄枯休眠。这类草坪往往有春、秋两个生长旺季。

1.1.3.6 其他

（1）屋顶草坪

近年来，一些经济发达的国家，不仅在地面建植草坪，种树栽花，而且还发展屋顶草坪。屋顶草坪不但能使城市绿化从单一的地表形式上升到空间形式，而且对室内的温度和湿度可起到一定的调节作用。

（2）人造草坪

人造草坪是用塑料化纤产品为原料，用人工方法制成的拟草坪。基本结构由基层、缓冲层和草皮层组成，具有承受持久高强度重压和耐践踏的特性。通常有绒面草坪、圆环形卷曲尼龙丝草坪、叶状草坪、透水草坪和充沙草坪等类型，各种类型的人造草坪各有其不同的用途。最近，法国的人造草坪制作商成功地将贴地纺织纤维下垫物直接铺在砾石地基上，建成光滑平整的运动人造草坪。

1.1.4 草坪业

草坪业是与草坪有关的产业的总称。草坪的发展带动了相关领域的发展，使得草坪业与其相关的产业很难明确地区别开来，主要内容包括应用部门、生产部门、服务部门及教育研究部门4个领域。

(1) 应用部门

应用部门是草坪应用的主体，也是草坪业的核心。草坪应用部门负责草坪的建植、管理维护，或负责委托服务部门进行草坪建植、管理和维护。

(2) 生产部门

生产部门是提供草坪生产和建植、管理、养护所需要物资的部门。包括草坪草种子、草皮、修剪机械、灌溉设备、肥料、农药、生长调节剂及其他工具材料等的生产部门。

(3) 服务部门

服务部门包括销售流通部门和技术服务部门。销售流通部门包括种子、农药、设备等与草坪相关产品批发零售的部门，是生产部门与应用部门之间的纽带；技术服务包括工程承包、咨询服务、景观设计、草坪专业维护、水土化验服务等。

(4) 教学与科研部门

教学与科研部门包括大专院校和科研院所，主要从事草坪业专业人员的培训、培养，草坪科学研究，新产品、新技术的开发研究及技术推广等工作。

任务分解

进行不同类型草坪的观察与判断等工作，主要依据草坪的用途与功能、草坪草的组成、草坪与树木的组合情况、园林规划形式进行分类。

1. 现场调查草坪的用途与功能，分组讨论，确定草坪的功能类型；
2. 调查不同类型的草坪在草种使用上的不同特点。

任务实施

1. 场地

校园及周边草坪。

2. 方法及步骤

以小组为单位，在教师的指导下进行实训操作。

(1) 教师介绍相关知识。

(2) 学生调查校园内及周边各种草坪（小区草坪、广场草坪、运动场草坪）的用途、所用草坪草种、与树木组合或混播情况、规划形式等。同时深入领会草坪的概念和分类。

3. 要求

(1) 全面、仔细地调查校园附近及周边草坪；

(2) 到现场调查各类草坪的用途与建植目的；

(3) 因地制宜分析草坪与树木、草花搭配的目的以及草种间组合的要求；

项目1　认识草坪及草坪草

（4）根据现场规划形式熟悉草坪的规划形式；
（5）认真完成实训报告。

考核评价

完成表1-1。

表1-1　草坪类型调查表

序号	调查地区	草坪种类	绿化应用	规划形式	与树木组合或混播情况	草坪用途
1						
2						
3						
⋮						
8						

任务 1.2　认识草坪草的类型

工作任务

【任务描述】

本任务主要介绍草坪草的形态特征与生态习性等相关知识使学生掌握依据形态特征与生态习性进行草种分类的技能与方法，通过理论知识的学习和技能的训练，准确了解草坪草的各种类型。

【任务分析】

本任务具体有两个方面内容：一是掌握草坪草的概念和范畴；二是明确常见草坪草不同分类标准（图1-2）。

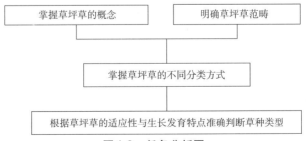

图1-2　任务分析图

常见草坪草分类标准有：①按植物系统的分类；②按气候适应性及地理分布分类；③按不同科属分类；④按叶片宽度分类。

知识准备

1.2.1 草坪草的概念

草坪草是指能够形成草皮或者草坪，并能耐受定期修剪和人、物使用的草本植物的种或品种。草坪草大部分为有易扩展特性的根茎型和匍匐茎型的禾本科植物，也包括部分符合草坪草性状的其他科植物。

1.2.2 草坪草的范畴及特性

草坪草资源十分丰富，世界已被利用的达百余种，目前广泛应用的草坪草种大多数是叶片质地细腻、植株低矮、具有易扩展特性的根茎型和匍匐茎型，或者具有较强分蘖能力的多年生禾本科植物，也有少数一、二年生禾本科植物，此外，也有一些莎草科、豆科、旋花科、百合科等非禾本科矮生草本植物。禾本科常见草坪草有以下主要特征：

①植株低矮，分枝（蘖）力强，有强大的根系，或兼具匍匐茎、根状茎等器官，营养生长旺盛。具备这些形态特征的草本植物能够平整地覆盖地面，最具有坪用性。

②地上部生长点低，在土表或土中，具坚韧的叶鞘保护，因而修剪和滚压对草坪造成的伤害较小，利于分枝（蘖）与不定根的生长发育。

③叶片直立，细小，数量多，寿命较长。在高度密植的条件下，阳光仍能照射到植株的中下部，老叶能较长时间保持绿色，修剪后依旧一片翠绿。

④软硬适度，有一定的弹性，对人、畜无害。柔软多汁或分泌乳液，硬而有刺、刚毛等草本植物不宜用作草坪草。

⑤繁殖力强，产种量高，种子发芽性能好，或具有强大的匍匐茎、根状茎等营养繁殖器官，或两者兼而有之，易于成坪，受损后自我修复能力强。

⑥适应性广而强，具有相当的抗逆性，易于管理，容易保存。

⑦一般为多年生草本，如为一、二年生草种，则应具有较强的自繁能力。

1.2.3 草坪草的分类

草坪草种类繁多，特性各异，根据一定的标准将草坪草区别开来称为草坪草的分类。其目的在于体现不同草坪草的共性，以便在使用时更加合理。

1.2.3.1 按植物系统分类

这是经典的植物分类法，每一种植物都有一个拉丁学名，由两个词组成：前一个为属名；后一个为种名。这两个词为斜体，后面的正体字母是命名者姓名的缩写。一种植物在不同的国家有不同的名字，甚至在同一个国家就有几个不同的名字，存在同名异物或同物异名的现象，容易造成混乱。但每一种植物生物学名只有一个，每个草坪工作者都必须掌握这种分类方法。

按植物系统分类法，草坪草主要是被子植物门单子叶植物纲禾本科草类，其分类系统如下：

(1) 羊茅亚科

主要包括羊茅属、黑麦草属、早熟禾属、剪股颖属、雀麦属、冰草属、碱茅属、猫尾草属等。

(2) 画眉草亚科

主要包括狗牙根属、野牛草属、垂穗草属、结缕草属等。

(3) 黍亚科

主要包括地毯草属、钝叶草属、假俭草属、雀稗属、狼尾草属等。

1.2.3.2 按气候适应性及地理分布分类

各草坪草起源、分布在不同的气候地带，反映出各自的生态特性，借此分类，有助于建坪草坪草种的选择以及栽培管理措施的确定。

按照地理分布可将草坪草分为暖地型与冷地型两类，按照对温度的生态适应性可分为暖地型与冷季型两类。这两种分类实质上是相同的，只是侧重点不同而已。

暖(季)地型草是指最适生长气温在 26~32℃（或 30℃左右），生长的主要限制因子是低温强度、持续期以及干旱。其生长曲线为单峰型，这类草坪草在夏季或温暖地区生长最为旺盛。主要分布于热带和亚热带地区。我国主要分布于长江流域及以南地区。

寒(季)地型草是指最适生长气温在 15~25℃（或 20℃左右），生长的主要限制因子是高温强度、持续期以及干旱。春、秋季各有一个生长高峰，而冬季能维持绿色，这类草坪草在春秋季或冷凉地区生长最为旺盛。主要分布于温带地区。我国主要分布于华北、东北、西北等地。

以上两类草坪草种间具有过渡类型，常称为过渡地带类型。如冷地型草高羊茅和草地早熟禾的某些品种可在过渡带或暖地型草坪区的高海拔地区生长。马蹄金属于暖地型草，但在冷热过渡地带冬季以绿期过冬。

1.2.3.3 按不同科属分类

按科属不同可分为禾本科草坪草和非禾本科草坪草。

(1) 禾本科草坪草

禾本科草坪草是草坪草的主体，占草坪植物的 90% 以上，目前我国利用的有 30 多种，在植物学分类上分属于羊茅亚科、黍亚科、画眉草亚科（表 1-2）。

(2) 非禾本科草坪草

非禾本科草坪草指凡是具有发达的匍匐茎和耐践踏能力，易形成低矮草皮的植物，或可与禾本科草坪植物混合栽培的植物。单子叶草坪草中还有少部分属于莎草科，如苔草。双子叶草坪草较少，有豆科的白三叶和旋花科的马蹄金等（表 1-3）。

表 1-2　常见禾本科草坪草

类型		属	种
禾本科	冷地型草坪草	早熟禾属	草地早熟禾、加拿大早熟禾、普通早熟禾、一年生早熟禾、林地早熟禾
		羊茅属	高羊茅、紫羊茅、匍匐紫羊茅、羊茅、草地羊茅、硬羊茅
		黑麦草属	多年生黑麦草、一年生黑麦草
		剪股颖属	匍茎剪股颖、细弱剪股颖、绒毛剪股颖、小糠草
		冰草属	蓝茎冰草、扁穗冰草、沙生冰草
		雀麦属	无芒雀麦
		碱茅属	碱茅
		猫尾草属	猫尾草
	暖地型草坪草	格兰马草属	格兰马草、垂穗草
		结缕草属	日本结缕草、沟叶结缕草、细叶结缕草、中华结缕草、大穗结缕草
		狗牙根	狗牙根、天堂草
		画眉草属	弯叶画眉草
		地毯草属	地毯草、近缘地毯草
		假俭草属	假俭草
		雀稗属	双穗雀稗、海滨雀稗、巴哈雀稗、两耳草
		钝叶草属	钝叶草
		野牛草属	野牛草
		狼尾草属	狼尾草
		金须茅属	竹节草

表 1-3　常见非禾本科草坪草

	科	属	种
非禾本科	百合科	麦冬属	麦冬、土麦冬、阔叶麦冬
	旋花科	马蹄金属	马蹄金
	豆科	三叶草属	白三叶
	莎草科	苔草属	异穗苔草、白颖苔草、卵穗苔草

1.2.3.4　按绿期分类

绿期是草坪的一项重要质量指标。以草坪草在建坪地区的绿期为依据，可将草坪草分为夏绿型、冬绿型和常绿型 3 类。

(1) 夏绿型

夏绿型草坪草是指春天发芽返青，夏季生长旺盛，经秋季入冬而黄枯休眠的一类草坪草，绿期与当地的无霜期相当。

(2) 冬绿型

冬绿型草坪草是指秋季返青，秋季为生长高峰，整个冬季保持绿色，春季还有一个生长高峰，至夏季枯黄休眠的一类草种。

(3) 常绿型

常绿型草坪草是指一年四季均能保持绿色的草坪草。

同一种草坪草在不同的地区，其绿期有较大差异。例如，狗牙根在我国岭南地区表现为常绿型，而在五岭山脉以北，则属夏绿型；匍茎剪股颖在南京地区表现为冬绿型，而在北京、天津等地则为夏绿型。同时，同一种草坪草，即使在同一地区，不同年份、不同的管理水平，其绿期也是不一样的。

1.2.3.5 按光照的需求和适应性分类

以草坪草对光照强度的适应性为依据，可将草坪草分为喜光型和耐阴型两类。

(1) 喜光型

喜光型草坪草是指喜光性强，要求较强光照的草坪草。光照充足时生长快而健壮，颜色浓绿，绿期也长，但不耐遮阴，适生在阳光充足的开阔地。而在光照不足或者遮阴的环境下则枝少叶密，细弱徒长，甚至萌发困难，长时间会引起死亡。大部分的禾本科草坪草都属于喜光型。

(2) 耐阴型

耐阴型草坪草是指耐阴性强，在光照不足或者遮阴的条件下也能正常生长发育的草坪草，如草地早熟禾、早熟禾、假俭草、白三叶等。耐阴型草种因种类不同耐阴的程度也有较大差异。

1.2.3.6 按叶片宽度分类

按照草坪草叶片宽度可分为宽叶草坪草和细叶草坪草。

宽叶草坪草一般叶宽、茎粗壮、生长健壮、适应性强，适于较大面积的草坪建植，如高羊茅、结缕草、地毯草、钝叶草、假俭草等。

细叶草坪草叶片细腻、茎秆纤细，可以形成致密的草坪，但是一般生长势较弱，要求较好的环境条件与较高的管理水平，如细叶结缕草、草地早熟禾、小糠草等。

1.2.3.7 按草种高度分类

按照草坪草草种高度可分低型草坪草和高型草坪草。

低型草坪草株高一般在20cm以下，可以形成低矮致密的草坪，具发达的匍匐茎和根茎，耐践踏，管理方便，多营养繁殖，成坪时间长，一般采用无性繁殖建植草坪，常见种有结缕草、狗牙根、野牛草、地毯草等。

高型草坪草株高通常为30～100cm，一般为种子繁殖，在短期内可形成草坪，适用于大面积草坪建植，常见种有早熟禾，黑麦草、剪股颖等。

1.2.3.8 按自然地带分类

草坪草自然地带分类是指将草坪草生态分类与自然地理学中自然地带学说相结合,将草坪草分成世界广布型、大陆东岸型、大陆西岸型、地中海型、热带型、热带高原型和温、寒地带型7个类型。

(1) 世界广布型

世界广布型草坪草指普遍分布于世界或几乎分布于全球的草坪草种。它们对气候、土壤具有广泛的适应性与忍耐力,有较强的竞争力,普遍分布于世界各地的适生环境之中。此类型草坪草种类有限。常见的如狗牙根,因其能在年降水量600~1000mm地区的不同土壤中生长,是世界上分布最广的禾草之一。它在南、北回归线之间四季常绿;越过回归线,随着纬度的升高,温度下降,只能在当地的春、夏、秋三季生长,尤以夏季为盛,成为所谓的暖地型、夏绿型草坪草。

(2) 大陆东岸型

大陆东岸型草坪草指主要分布在东亚(中国大陆东部北回归线以北地区、蒙古东部、朝鲜半岛和日本等)、北美洲东部、巴西南部、澳大利亚东部以及非洲东南部的草坪草种。此类草种适应于冬寒,夏热,年温差大,夏季雨量多而形成"梅雨季"的气候条件。可以进一步细分为温带亚型,如草地早熟禾和粗茎(普通)早熟禾;亚热带亚型,如中华结缕草、结缕草、假俭草等;过渡带亚型,如结缕草、野牛草、高羊茅等。

(3) 大陆西岸型

大陆西岸型草坪草指分布在欧洲大部、北美西海岸中部、南美西南部以及新西兰、澳大利亚东南部及塔斯马尼亚岛等地的草坪草种。此类草种适应于常年温和湿润,夏季凉爽(最热月平均气温10℃以上),冬季温暖(最冷月平均气温0℃以上),降水丰富,多雨多雾的气候条件。代表草种为匍茎剪股颖、细弱剪股颖、小糠草等。它们的生长最适温度在20℃左右,15~30℃充分生长,0℃尚能缓慢生长。适宜pH5.5~6.5、排水良好、湿润肥沃的砂质壤土。

(4) 地中海型

地中海型草坪草指分布在地中海沿岸以及具有类似气候的非洲南部好望角附近、澳大利亚南和西南部、南美洲智利中部以及美国加利福尼亚州等地的草坪草种。而以地中海沿岸最为典型。此类草坪草适应于夏季凉爽干燥、冬暖多雨的气候条件。代表草种为黑麦草,其生长最适温度为20~27℃,10℃生长较好,至35℃生长不良,39~40℃分蘖枯萎,甚至全株死亡。

(5) 热带型

热带型草坪草指分布全球热带地区(通常指南、北回归线之间,有些地方延伸至纬度25°甚至30°),主要生长在稀树草原的草坪草种。此类草坪草适应全年气温皆高,最冷月平均气温15~18℃,年温差小,无霜,降水量较大的气候条件。如竹节草、沟叶结缕草、长花马唐、地毯草、近缘地毯草、百喜草等。

(6)热带高原型

热带高原型草坪草指分布在热带高海拔地区的草坪草种。热带高原主要有中国云贵高原南部,尤以云南省典型;中、南美洲之墨西哥高原及安第斯山脉以及中非高原和马达加斯加东部山区。上述地区地处热带,由于高海拔的影响,形成了特有的四季如春的气候。常年温度近于14~17℃,温差较小。代表草种为蜈蚣草和钝叶草等,中、南美洲为垂穗草和毛花雀稗等,非洲则以隐花(铺地)狼尾草和弯叶画眉草为代表。

  任务分解

本任务包括草坪草概念和范畴、特性的学习分析,常见草坪草分类的判断识别等工作,最后要能准确判断常见草坪草在不同分类标准下的类型。
1. 现场观察草坪草的形态特征、生长发育特性,并进行记录;
2. 取样回实验室,根据形态特征对草样进行分类、观测、讨论,判断草种类型。

  任务实施

1. 场地

校园及周边草坪。

2. 方法及步骤

以小组为单位,在教师的指导下进行实训操作。
(1)教师介绍相关知识。
(2)学生调查校园内及周边草坪,对其中常见草坪草能按照不同的分类标准进行准确描述等。同时深入领会草坪草的概念和特性。

3. 要求

(1)全面、仔细调查校园附近及周边草坪中的草坪草;
(2)如实到现场调查各类草坪草的科属,并结合所在地的气候特点判断草坪草类型;
(3)对不同的禾草进行叶片宽窄的对比。

  考核评价

(1)理论考核:完成实训报告,根据实训报告的完成质量进行考核评分。
(2)实践考核:根据学生在操作现场的纪律表现、劳动配合程度,对具体操作的掌握程度以及操作的效果逐一评价,综合评分。

任务 1.3 认识草坪草的器官形态特征

工作任务

【任务描述】

本任务主要介绍草坪草器官的形态特征及草坪草分蘖类型的相关知识，使学生掌握禾草的基本形态结构，准确指出禾草各器官的名称和功能；准确识别禾草的根茎与匍匐茎、草坪的心叶类型以及花序类型；进一步掌握草坪草茎的类型；了解不同分枝类型的草坪草的成坪时间、成坪方式及特点；能练习使用植物检索表进行草坪草种识别鉴定。

【任务分析】

本任务包括3个方面内容：①禾本科草坪草的基本形态结构判断；②常见禾草的各器官形态识别；③草坪草分枝方式和分枝类型识别（图1-3）。

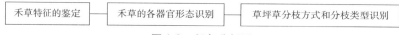

图 1-3　任务分析图

知识准备

草坪草多为禾本科多年生草本植物，简称禾草。因此以禾本科草坪草为代表介绍草坪草的基本形态和结构特征（图1-4）。

1.3.1 茎的形态结构和功能

茎呈狭长的管状或筒状，间隔一定距离由胀大的关节或节分段，是草坪草地上部分连接根系与叶片以及花序的器官，是着生叶片、分枝的部位，主要由胚轴生长发育而成。

部分草坪草的茎在地下横向生长或沿地表匍匐生长，称为横走茎。所以在形态上茎主要分为两类，一是直立茎，二是横走茎（图1-5）。

（1）横走茎

朝水平方向生长的茎称为横走茎。横走茎也分为两类，位于土壤表面之上的匍匐茎以及位于土壤表面之下的根状茎。

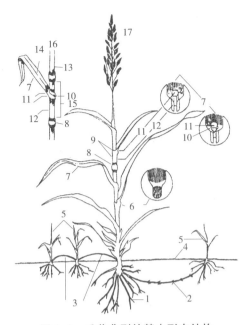

图 1-4　禾草典型的基本形态结构
1. 须根　2. 根茎　3. 匍匐茎　4. 土表　5. 新植株
6. 叶颈　7. 叶片　8. 节　9. 叶　10. 叶耳　11. 叶舌
12. 叶鞘　13. 茎秆　14. 叶片中脉　15. 节间　16. 茎　17. 花序

图 1-5　草坪草的茎
1. 直立茎　2. 横走茎

横走茎覆盖地面能力强，覆盖度大，是坪用价值最大的茎的类型，建成草坪迅速。通常高尔夫球场果岭及发球台、草坪足球场均采用这类草坪草（图1-6）。

(2) 直立茎

直立茎不具匍匐茎或根状茎，依靠分蘖生长繁殖。分蘖是从根颈或横走茎上长出来的新茎叶，具有向上或斜上生长的习性，不具横向生长习性，扩展形成草坪的速度较慢（图1-7）。如高羊茅、多年生黑麦草等。

图 1-6　草坪草的横走茎

图 1-7　草坪草的直立茎

(3) 茎基

茎基（根颈）位于地表或地表以下，上部完全被相邻叶鞘的基部包围。它是一个高度缩短的茎，内由很短的节分隔开来，连接根与茎，是生长根、茎、叶，促使草坪草生长的关键器官（图1-8）。

茎基顶端的分生组织是草坪草直立茎的最初来源，匍匐茎和根状茎均来自茎基的腋芽。匍匐茎和根状茎的主要区别是，前者沿着地表生长，后者生长在地表以下。腋芽从叶鞘内与母枝平行向上长出，形成新的地上枝条的分枝称为分蘖，分蘖的结果大大增加了母枝附近新生枝条的数量。匍匐茎和根状茎同样也产生大量的分蘖。

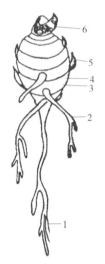

图1-8　草坪草茎基结构
1. 初生根　2. 不定根　3. 节
4. 节间　5. 腋芽　6. 生长点

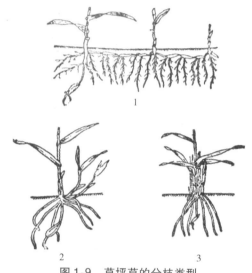

图1-9　草坪草的分枝类型
1. 根茎型　2. 疏丛型　3. 密丛型

（4）草坪草的分枝（分蘖）类型

草坪草的分枝方式不同于双子叶植物，有鞘内分枝和鞘外分枝两种，不同草种的分枝方式不同，导致了它们具有不同的分枝类型。主要的分枝类型有直立丛生型、匍匐蔓生型与复合型3类（图1-9）。

①直立丛生型　直立丛生型草坪草是指草坪草的茎直立生长，与地面垂直。直立丛生型又分为疏丛型与密丛型。

疏丛型　又称疏蘖型。分蘖通常从地表之下1～5cm处的分蘖节发生，叶鞘常松弛，抱茎不紧密，使分蘖向上倾斜伸出地面，形成疏散的株丛。株丛可能遮蔽或不完全遮蔽地表，丛间缺少联系。能形成草坪，但易破碎。在外力作用下，丛与丛间易下凹形成坑坑洼洼的表面。疏丛型草每年的新分蘖自株丛边缘发生，时间久了，株丛中央会积累相当数量的枯死残余物，不及时梳理不仅影响草坪观赏性，而且容易滋生病虫害。对土壤的通透性要求一般，往往能耐短期的涝、渍。在通透性好的黏壤土、腐殖质土内生育良好。这类草坪草大多苗期生长迅速，但寿命不长，属短期多年生禾草。如黑麦草、苇状羊茅等。

密丛型　又称密蘖型。分蘖与不定根自近地面分蘖节或茎节发生，叶鞘往往紧密抱茎，使分蘖与茎平行伸展，形成稠密的株丛。株丛中心接近地表，外围通常稍隆起。直径随年龄增长而增加，往往形成中心凹陷的小草丘。成年株丛的中心，到一定年龄（各草种年限不一）则衰老死亡，而成为"秃顶草丘"，甚至"圈状草丘"，能在通透性不良，甚至完全厌气的土壤中生长。这类草坪草大多数生长缓慢，能形成很密的草丛，寿命也较长。年久草坪变得坑坑洼洼。如羊茅、硬羊茅等。

②匍匐蔓生型 草坪草的茎水平匍匐于地表生长，茎节上生长出新的枝叶和不定根，并固定在地面上。大多数暖地性草坪草属于此类，适于营养繁殖，也能种子繁殖。

根茎类 根茎在土表下5~10cm间的茎节上发生，大体上按水平方向伸展，节四周生根，直立枝或生殖枝出土长成绿色的苗。苗根发生后，又能形成根状茎，于是地下形成大量根茎组成的根茎网络，地上则形成连片的植株。该类型草坪草要求通透性良好的土壤，一旦表土板结，直立枝与生殖枝出土均受影响，甚至出不了土，即形成不了连片的草坪。

匍匐茎型 匍匐茎于地表扩展，其中部分往往为沉积的土覆盖而入土内。节着地生根，节上的芽发育成直立枝或生殖枝。一旦直立枝形成苗根，又能发生匍匐茎(枝)，匍匐茎在地表扩展，节着地生根，这个过程的如此重复，使地表形成致密的草坪。如小花马蹄金、狗牙根等。

③复合型 许多禾本科禾草并不是属于严格意义上的特定分蘖类型，大多数禾草的株型表现得比较复杂，经常同时拥有两种甚至两种以上的分蘖类型特点，属于复合型。如，草地早熟禾、加拿大早熟禾，应该称之为根茎—疏丛型，其根茎自土表以下的茎节产生分枝，略呈倾斜地水平扩展，节四周生根，节上直立枝形成绿苗。直立枝发生苗根后，一方面可以再发生根状茎，另一方面能进一步分蘖，形成直立枝与生殖枝以及不定根，于是株丛与株丛之间的短的根茎（其实是根茎的部分或全部）联系，株丛本身呈疏丛型，鉴于根茎型和疏丛型二者外形特点的互补，能形成富有弹性、坚固的草坪。匍茎剪股颖则属于匍茎—疏丛型；狗牙根、结缕草两个属的草坪草种，属于匍茎、根茎—疏丛型。由于复合型兼具直立丛生型、匍匐蔓生型的特点，两者得到互补，因而能形成优良的草坪。

1.3.2 叶的形态构造和功能

禾本科草坪草的叶为单叶，着生于茎秆的节上，互生，两行排列，纵向脉序。草坪草完整的叶一般包括叶片、叶鞘、叶舌、叶耳等部分（图1-10）。叶是草坪草最重要的器官，担负着植物生活中最重要的生理功能——光合作用，也是蒸腾作用的重要器官，作为草坪草的主要观赏部位，多为绿色。

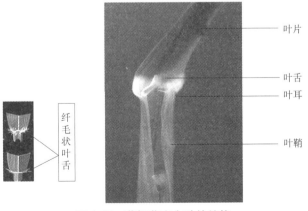

图1-10 草坪草完全叶的结构

(1) 叶片

叶片是指叶鞘的上部，狭长扁平，相对平展。叶片中央纵向分布的维管束为叶脉，是水分、养分的输送通道，对叶片起支撑作用。不同的草坪草，其叶片形态多样，有条形、狭三角形、线形、披针形、心形与卵圆形等形状（图1-11、图1-12）。草坪草叶片尖端主要有3种形态，即锐尖、渐尖以及钝圆形等。叶形、叶片弯度和宽窄、叶片先端形态、色泽、叶片质地以及叶脉特征等在草坪草种的识别鉴定中有重要的作用。

图1-11 条形叶片　　　图1-12 狭三角形叶片

叶片的宽窄和色泽直接与草坪质量、观赏价值有关。叶片窄、细，叶色深绿或者浓绿，观赏价值高。

(2) 叶鞘

叶片基部呈圆筒状包围茎的部分称为叶鞘，大部分的草坪草叶鞘紧贴着茎、包围着茎生长，颜色比叶片稍浅。叶鞘对草坪草的幼芽、茎具有保护作用，也能增强茎的支持作用，使草坪草耐践踏。

(3) 心叶

草坪草的心叶是指草坪草每个分蘖最顶端、最中心、最幼嫩的叶片。草坪草的心叶是草种识别中最重要的识别部位之一。通常草坪草具有两种类型的心叶形态：一是折叠型，即未展开的心叶以中脉为中心对折，折叠型心叶呈扁平状；二是卷曲型，即未展开心叶为圆形卷曲，呈针状。

(4) 叶舌

叶舌是指在叶片与叶鞘相接处的腹面着生的呈膜状或者纤毛状的附属物，叶舌可以起到密封叶鞘与茎秆连接处的作用，防止水分、昆虫和病菌孢子落入叶鞘内（图1-13）。

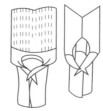
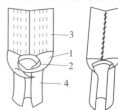

图1-13 叶鞘、叶舌、叶耳形态

1. 叶耳　2. 叶舌　3. 叶片　4. 叶鞘

(5)叶耳

叶耳指叶舌的两旁从叶片基部边缘伸长出来的形如耳状的一对附属物。叶耳的有无、大小、形状是草坪草识别的依据之一。

(6)叶环

叶环又称叶枕、叶颈,位于叶片与叶鞘相连的外侧,是色泽稍淡的带状结构,具有弹性和延展性,用以调节叶片的位置(图1-14)。

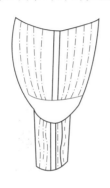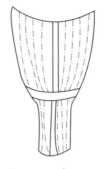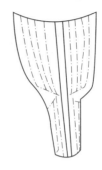

图1-14 叶 环

1.3.3 花序的形态特征和功能

草坪草的花序基本组成单位是小穗,再由小穗组成属于各式各样的花序。花序作为草坪草的生殖器官,是植物异化最明显的器官,不同的草种其花序的类型不同,形态特征差异极大,是草种识别中最重要的识别部位。

最常见花序有4种类型:穗状花序、总状花序、圆锥花序(复总状花序)和头状花序。

(1)穗状花序

穗状花序是总状花序的一种类型。在穗状花序中,所有的小花穗都是无柄的,直接生长于花序的主轴上(图1-15)。狗牙根、黑麦草、结缕草、冰草具有穗状花序。

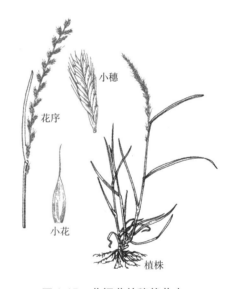

图1-15 草坪草的穗状花序

(2)总状花序

总状花序的主轴上生长着有单独花柄的小花穗。地毯草和美洲雀稗都具有总状花序。总状花序与穗状花序的主要区别是:总状花序的小穗通过小短柄着生在花序的主轴上(图1-16)。

(3)圆锥花序

圆锥花序又称复总状花序。在圆锥花序主轴的每一节上有数个分枝,分枝可再分枝,小穗着生于枝顶及侧面。分枝轴长短不一,长的成开展的圆锥花序(图1-17)。

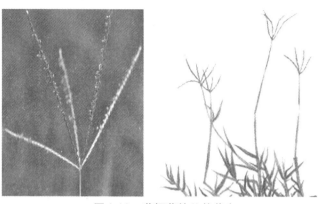

图1-16 草坪草的总状花序

图1-17 草坪草的圆锥花序

（4）头状花序

头状花序是无限花序的一种。其特点是花轴极度缩短、膨大成扁形；花轴基部的苞叶密集成总苞，多数花集生于一个花托上，形成头状的花（图1-18）。

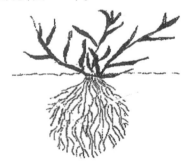

图1-18 草坪草的头状花序　　　　图1-19 草坪草的须根系

1.3.4　根的形态结构和功能

根是草坪草生长在地下的器官，其主要的功能是在土壤中吸收水分和养分，供给草坪草生长发育之用，并且同时起着机械支撑作用，使植株固定在土壤中，此外，很多草坪草的根系同时还起着储存养分的作用（图1-19）。

草坪草不同,每年根的更新数量也不同。草地早熟禾的根系生命力较强,大部分根可以生存一年以上,通常被称为多年生根系草;另一些草坪草,如多年生黑麦草、狗牙根、粗茎早熟禾等,根系的大部分每年都要更新,因此被称为一年生根系草。

根据调查观察,草坪草的根系70%以上分布在地面以下0~20cm的土层中,冷地型草坪草如草地早熟禾、匍茎剪股颖、紫羊茅、高羊茅及多年生黑麦草等达到地面以下30~50cm,暖地型草坪草如结缕草、狗牙根等根茎型与冷地型相近,如雀稗等丛生型用作保持水土的禾草,它的根系可达2m以上。

1.3.5 种子和幼苗发育

平常所说的草坪禾草的种子,实际上大多非真正的种子。采自草坪草花序上的成熟小花穗,植物学上称为颖果,颖果内有真正的种子,种子的外形从卵圆形到椭圆状披针形不等,前端有芒或无芒。

种子的发芽过程是从吸水膨胀开始的,在一定的温度条件下,酶的活性加强,将贮藏在胚乳中的营养物质分解为简单的可溶物质,由盾片吸收运往胚根、胚芽、胚轴等部分,使种子萌发。草坪禾草种子萌发时,首先胚根突破种皮,形成幼根,称为初生根,同时胚芽鞘长出地面。第一片幼叶由胚芽鞘顶端小孔长出,标志着光合作用开始,此时草坪草幼苗进入自养阶段(图1-20、图1-21)。

图1-20 草坪草幼苗
1. 不定根 2. 胚根 3. 种子 4. 直立茎

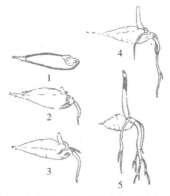

图1-21 草坪草萌发过程中根系的生长发育
1. 有胚的颖果 2. 长出初生根和胚芽鞘
3. 初生根继续生长,并长出侧根 2.4 根的分枝
5. 第一片叶长出胚芽鞘的顶端

任务分解

1. 观察草坪草的分蘖类型,确定其属于匍匐蔓生型还是垂直丛生型;
2. 取样观察禾本科草坪草的叶片形态特征,具体观察其心叶、叶尖、叶舌、叶鞘、叶脉、叶色等,并进行记录;
3. 观察禾本科草坪草的花序形态特征;
4. 根据观察结果,识别鉴定草坪草种。

任务实施

1. 场地

校园草坪及周边绿地。

2. 方法及步骤

以小组为单位,在教师的指导下进行实训操作。

(1)观察识别禾草基本形态结构

①教师对照完整禾草植株解释禾草基本形态结构;

②学生对照观察熟悉,现场教师组内抽查提问;

③根据学生回答结果以及依据,教师进行点评,组内其他同学纠正错误说明。

(2)禾草器官的观察识别

①教师讲解禾草器官相关理论知识;

②学生按组观察标本进行现场识别;

③教师按组提问并对结果进行点评。

(3)分枝方式和类型观察识别

①教师讲解禾草分枝方式和类型相关理论知识;

②学生按组观察标本进行现场识别;

③教师按组提问学生并对结果进行点评。

3. 要求

要求学生能根据所学知识及实训方法步骤,准确识别禾本科草坪草的基本形态特征,并对各个器官特征及结构功能进行描述;能准确识别草坪草的分枝方式、辨别不同的分枝类型。

 考核评价

项目	任务	考核内容	考核标准	考核方法
草种识别	草坪草器官及形态特征识别	禾草基本形态结构识别	1. 准确采集的标本(5分); 2. 正确描述禾草基本形态(10分); 3. 能对同学的错误回答进行指正(5分)	个人结合分组考核
		草坪草器官的观察识别	1. 尽可能采集齐全的禾草器官标本(10分); 2. 辨别不同草种器官之间的细微差别(15分); 3. 掌握并描述各器官的形态特征和结构特征(20分); 4. 能对同学的错误回答进行指正(10分)	个人结合分组考核
		分枝方式及分枝类型观察识别	1. 正确采集并识别标本中的鞘内和鞘外分枝(5分); 2. 通过标本正确辨别7种分枝类型并准确描述识别依据。(15分); 3. 能对同学的错误回答进行指正(5分)	个人结合分组考核

项目1 认识草坪及草坪草

任务 1.4 草坪草识别

 工作任务

【任务描述】

草坪草种识别鉴定是学习与了解不同类型草坪草种的前提，植物检索表是鉴定植物不可缺少的工具。本任务主要介绍植物检索表的相关知识，练习使用植物检索表进行草坪草种识别鉴定。

【任务分析】

本任务的主要内容有：鉴定禾草特征，并根据禾草分种检索表识别鉴定 15 种常见草坪草种标本（图 1-22）。

图 1-22　任务分析图

 知识准备

1.4.1　植物检索表的编制原理

检索表编制是采取由一般到特殊和由特殊到一般的原则。首先必须将所采到的地区植物标本进行有关习性、形态上的记载，将根、茎、叶、花、果实和种子的各种特点进行详细的描述和绘图，在深入了解各种植物特征之后，按照各种特征的异同来进行汇同辨异，即把某群植物的同一关键特征，不同的相对性状，用对比的方法逐步排列并进行分类，相对立的两个性状被编为同样的号码，将植物分为两类，再把每类中的植物根据相对性状分成相对的两类，依此类推，直至编制到目标检索表的终点为止。为了便于使用，在各类分支的前边按其出现的先后顺序加上一定的数字或符号，相对应的两类或两个分支前的数字或符号应是相同的。这样将全部植物编制成不同的门、纲、目、科、属、种等分类单位的检索表。其中，植物界主要是分科、分属、分种 3 种检索表。

1.4.2 编制检索表的注意事项

(1)只要有 2 个以上需要鉴别的科、属或种,均可采用编制检索表的方式加以区别。

(2)编制检索表时,可以根据当地植物种类的具体情况进行编集,以适应当地情况。

(3)在编制植物检索表之前,对其所采用的植物特征的取舍,通常采取由一般到特殊、由特殊到一般的原则,即首先必须对每种植物的特征进行认真的观察和记录,在掌握各种植物特征的基础上,根据编制目标(如分门、分纲、分目、分科、分属、分种)的不同要求,列出相似特征和区别特征的比较表,同时找出它们之间最突出的区别点和共同点。

(4)在选用区别特征时,即在编制植物检索表中的成对性状时,最好选用相反的或容易区别的特征,即非此即彼的特征,千万不能采用似是而非或不确定的特征。

(5)要选用常见的、不变的特征,切勿选用受季节性影响或仅能在野外观察得到的特征。

(6)检索表的编排序号,只能用 2 个相同的数字或字母,不能用 3 个或以上。如 1、1,2、2。

1.4.3 植物分类检索表的使用方法

植物分类检索表的使用和编制是两个相反的过程。在使用植物分类检索表检索鉴定植物时,检索者应具备一定的植物形态学知识,还需要有几份较完整的标本。先将植物的形态特征与检索表中第一对相对性状比较,即与编码是"1"的性状比较,确定为相对性状中的一条,在此条范围内再查从属于此条的其他相对性状,再确定其中的一条,如此逐条仔细核对和区分,直至查到该植物所对应的分类群或种类为止。

1.4.4 植物检索表的类型

目前广泛采用的检索表有两种类,即定距检索表(又称等距检索表、不齐头检索表)与平行检索表(又称齐头检索表)。

(1)定距检索表

在这种检索表中,每一对相对特征编为相同的序号,并纵向相隔一定距离,且都书写在左侧等距的地方;每个分支的下边,又出现两个相对应的分支,再编写相同的序号,书写在较前面出现的分支序号向右退一个格的地方,这样如此往复下去,直到编制的终点为止。

(2)平行检索表

在这种检索表中,每一对相对的特征编写相同的序号,平行排列在一起,在每个分支的末端,写出名称或序号。名称为需要查找对象的名称(中文名和拉丁学名);序号为下一步依次查阅的序号,并重新书写在相对应的分支之前。

这两种检索表在应用时各有优缺点,但目前采用最多的还是定距检索表。

1.4.5 鉴定识别草坪草的方法步骤

使用检索表鉴定植物时，要经过观察、检索和核对3个步骤。

（1）观察

观察是鉴定植物的前提。鉴定一种植物，首先必须对它的各个器官的形态（尤其是花和叶的形态）进行细致的观察，然后才能根据观察结果进行检索和核对。

草坪草用于识别的主要特征是叶片及其生长习性。一般通过识别草坪草叶片的4个部分识别草坪草，即叶片（叶形、叶片弯度、叶片先端形态、叶片质地、叶面以及叶脉特征等），叶鞘（叶鞘的闭合程度、形态、质地，叶舌、叶耳、叶环的有无及特征），幼叶，叶舌。进一步识别草坪草种的方法是匍匐茎的有无或多少，以及匍匐茎的着生位置——在土表上为匍匐茎，在土表下为根状茎。

注意事项：

①要选择正常且完整的植株进行观察　用来观察的植株，应该发育正常、没有病虫危害。因为检索表是根据植物全部形态特征来编制的，如果缺少了某个特征，往往会使检索工作半途而废。

②要按照形态学术语的要求进行观察　只有按照形态学术语的要求观察植物，才能观察得确切，因为检索表都是运用形态学术语编制的。

③要边观察边记录　特别对一些数字要及时记录，以免因遗忘而重新观察。

（2）检索

检索是识别植物的关键步骤。对一种不认识的植物，可以根据观察的结果，选择合适的检索表，逐项进行检索，最后确定该种植物的名称和分类地位。

注意事项：在核对两个相对的特征时，即使第一项已符合被检索的植物，也应该继续核对第二项特征，以免查错。

如果查到某一项，而该项特征没有观察，应补行观察后进行检索。不要越过去检索下项，否则容易查错。

（3）核对

核对是防止检索有误的保证。为了避免有误，应该在检索后进行核对。

核对的方法是把植物的特征与植物志或图鉴中的有关形态描述的内容进行对比。植物志中有科、属、种的文字描述，而且附有插图。在核对时，不仅要与文字描述进行核对，还要核对插图。在核对插图时，除了应注意在外形上是否相似外，尤其应该重视解剖图，因为后者往往是该种植物识别的关键。

1.4.6 常见禾本科草坪草分种检索表

1. 幼叶在芽中折叠

 2. 有叶耳，长爪状。叶舌短膜质状。叶脉明显，叶色背面具光泽，表面暗绿色。丛生或近丛生型 ……………………………………………………………………………………………多年生黑麦草（*Lolium perenne*）

 2. 无叶耳

3. 有匍匐枝
  4. 叶基部紧缩
    5. 叶舌纤毛状。叶环光滑无毛。节上多两分枝，对生……………………………………
    ……………………………………………………………钝叶草(*Stenotaphrum secundatum*)
    5. 叶舌膜质，顶端有纤毛。叶枕有疏毛。节上多一分枝，互生………………………
    ……………………………………………………………假俭草(*Eremochloa ophiuroides*)
  4. 叶片基部不紧缩
    6. 叶舌毛环状，或具一圈细缘毛
      7. 叶片先端渐尖，有匍匐枝或根状茎。茎椭圆或近圆形，节上无毛。
      ……………………………………………………………狗牙根(*Cynodon dactylon*)
      7. 叶片先端钝或圆，无根状茎。茎秆扁平，节上有毛……………………………
      ……………………………………………………………地毯草(*Axonopus compressus*)
    6. 叶舌短膜质。叶基部具柔毛。具匍匐枝和粗短的根状茎(芽内叶片也可卷曲)………
    ……………………………………………………………巴哈雀稗(*Paspalum notatun*)
3. 无匍匐枝
  8. 叶片窄，多对折或卷曲，表面叶脉明显
    9. 有根状茎。叶舌短膜质，叶片光滑，对折或内卷成针状，叶鞘不分裂。秆基部红色……
    ……………………………………………………………紫羊茅(*Festuca rubra*)
    9. 无根状茎
      10. 叶鞘开口直达基部。叶片内卷成针状。叶舌极短，秆基部粉红色…………
      ……………………………………………………………羊茅(*Festuca ovina*)
      10. 叶鞘闭合几乎达顶端。叶片通常不卷成硬毛状。叶舌极短，秆基部红色……
      ……………………………………………………………紫羊茅(丛生型)(*rubra* sp. *rubra*)
  8. 叶片扁平，横切面"V"形，叶尖船形，中脉两侧有两条半透明的平行线
    11. 无根状茎。叶舌长而尖
      12. 叶鞘光滑，柔软……………………………………………………早熟禾(*Poa annua*)
      12. 叶鞘粗糙，有细匍匐枝……………………………………普通早熟禾(*Poa trivials*)
    11. 有根状茎。叶舌短，平截
      13. 叶片先端朝船头形叶尖渐渐变尖，色泽偏蓝，茎秆扁平，基部倾斜…………
      ……………………………………………………………加拿大早熟禾(*Poa compressa*)
      13. 叶片光滑，等宽，不渐尖，茎筒状，直立………………草地早熟禾(*Poa pratensis*)
1. 幼叶在芽中卷曲
  14. 有叶耳，小，叶耳、叶环具疏短毛。叶边缘粗糙，无主脉，叶片坚硬，扁平……………
  …………………………………………………………………………高羊茅(*Festuca arundinace*)
  14. 无叶耳
    15. 叶鞘浑圆
      16. 叶环具毛，叶鞘无毛，有匍匐枝
        17. 叶舌纤毛状，叶片宽2~5mm，表面疏生柔毛，背面近无毛，有根状茎………
        ……………………………………………………………结缕草(*Zoysia japonica*)
        17. 叶舌短不明显
          18. 叶质地坚硬，扁平或边缘内卷，茎部常具有宿存枯萎的叶鞘，有根状茎………
          ……………………………………………………………中华结缕草(*Zoysia sinica*)

18. 叶片坚硬，内卷，具沟，叶舌顶端撕裂成短柔毛状，叶鞘长于节间……………………
………………………………………………………………沟叶结缕草(*Zoysia matrella*)

16. 叶环无毛

19. 叶舌短具毛，叶片近线形或线形

20. 兼具根状茎和匍匐茎，叶常卷成硬毛状…………………………………………
…………………………………………………………细叶结缕草(*Zoysia tenuifolia*)

20. 匍匐茎，叶片，两面披灰白色柔毛………………野牛草(*Buchloe dactyloides*)

19. 叶舌无毛

21. 有根状茎

22. 根状茎健壮，叶片扁平，粗糙，叶舌长而尖，约等于叶片的宽度，膜质……
………………………………………………………………小糠草(*Agrostis alba*)

22. 短根状茎或作丛生状。叶舌短，约为叶片宽的一半………………………
……………………………………………………………细弱剪股颖(*Agrostis tenuis*)

21. 有匍匐茎，匍匐茎叶片披针或线状披针形，叶舌长而尖，约等于叶片的宽度，膜质
………………………………………………………匍茎剪股颖(*Agrostis stolonifera*)

15. 叶鞘压缩或压扁，叶舌膜质，极短。叶片宽展，植株具粗短节密集的根状茎与匍匐茎……
………………………………………………………………巴哈雀稗(*Paspalum natatu*)

任务分解

1. 以小组为单位，采集黑麦草、草地早熟禾、匍匐剪股颖、高羊茅、结缕草、白三叶等常用草坪草种，带回实验室进行观察鉴定；

2. 准确识别判断所采集的草种标本的分蘖类型、叶片形态特征、心叶类别、花序等器官形态特征，使用检索表进行检索，正确识别鉴定具体草坪草种。

任务实施

1. 场所、材料及用具

场所：学校实验楼实验室及草坪苗圃。

材料及用具：草地早熟禾、一年生早熟禾、高羊茅、紫羊茅、多年生黑麦草、多花黑麦草、狗牙根、日本结缕草、细叶结缕草、沟叶结缕草、假俭草、地毯草、近缘地毯草、野牛草、矮生沿阶草、马蹄金、白三叶、记录本、铅笔、解剖针、镊子、扩大镜、解剖刀。

2. 方法及步骤

以小组为单位，在教师的指导下进行观察及实训操作。

(1) 教师讲授检索表相关理论知识。

(2) 现场识别操作：借助镊子，放大镜与检索表，通过观察草坪草的分蘖类型、叶形、叶色、叶片尖端、叶脉、叶鞘、叶舌、叶耳、叶环、叶片手感、心叶形态、叶片长、宽等，准确识别鉴定出草坪草种。

3. 要求

（1）细心观察，准确把握草坪草种的分枝类型、叶片形态、心叶形态以及花序类别；

（2）熟练运用植物检索表；

（3）准确识别鉴定出15种常见禾草草种。

 考核评价

现场考核学生对植物检索表的使用方法是否正确，并考核学生利用植物检索表检索草坪草种的准确率（见下表）。每种占分值为7分，准确检索出其中9种草种可以获得60分及格，准确检索出15种为满分。

草种代号	分枝类型	叶形	叶片尖端	叶色	叶质地	叶舌	叶耳	叶环有无毛	叶鞘	叶片长度	叶脉	心叶	叶片手感	茎基颜色	其他	鉴定结论
1																
2																
3																
4																
5																
6																
7																
8																
9																
10																
11																
12																
13																
14																
15																

项目 2
草坪建植前规划

学习目标

【知识目标】
(1) 了解草坪生长的气候类型、土壤理化性质以及草坪草种草的生长特性、坪用性状特点等理论知识。
(2) 掌握草坪草种的选择标准与依据、草坪单播、混播的概念及优缺点等理论知识。
(3) 掌握坪床制作的标准与细则、草坪建植前的土地清理、耕作、平整及灌溉系统类型、喷灌类型及参数、喷灌设计等理论知识。
(4) 掌握种子纯度、发芽率,播种量与播种期的确定等理论知识。
(5) 掌握无性繁殖的原理及概念。

【技能目标】
能查阅资料、分析资料、现场调查、分析坪址土壤土质、清理坪址、翻耕土壤、旋耕耙碎土壤、改良土壤、平整坪址地面以及规划安排灌排设施等。

任务 2.1 草种规划

 工作任务

掌握草种规划内容,学会对建坪地进行坪址调查,并根据调查的结果选择适合建坪的草种,确定合适的建坪方式。

【任务描述】
根据建坪当地的具体气候环境条件,建坪地的土质条件,以及所要建植的草坪的功能等因素,选择适合当地气候,并满足草坪建植目的与功能的草坪草种。

【任务分析】

草种规划任务的具体内容有两个：一是调查了解草坪建植当地的气候与土质条件，以及不同草坪草种的生长习性与功能特征；二是充分了解客户需要建植何种类型与功能的草坪。

草种规划任务可以通过3个阶段完成：一是调查阶段；二是规划草种阶段；三是规划建坪方式阶段(图2-1)。

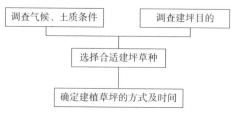

图2-1 草种规划任务分析图

知识准备

草种规划任务中，首先应对坪址所在地的气候因素、土壤等进行调查，并要了解草坪建植的目的、建植单位的经济承受能力等方面。

2.1.1 坪址调查

2.1.1.1 气候调查

气候调查最关键的是明确草坪建植地属于何种气候类型，其中最主要是温度的调查，了解其年、月、日平均气温和最高、最低气温，历史温度极值，封冻的起讫期，冻土层厚度等。以便确定采用冷地型草坪草还是暖地型草坪草进行草坪建植。比如在夏季高温、冬季不甚寒冷的亚热带，以及全年温度较高的热带地区，应采用耐高温的暖地型草坪草；而在冬季较为寒冷的温带地区，可以采用冷地型草坪草；而在我国长江中下游广大气候过渡带地区，则冷地型或者暖地型草坪草均可。

气候调查中，降水量也是一项重要的调查内容，降水量丰富的湿润地区要采用耐涝的草种建植草坪；反之，在降水量少的干旱地区则应采用耐旱的草种建植草坪。若降水量很小无法满足草坪的生长需要，则应在草坪建植前，规划安装灌溉系统。

2.1.1.2 土地调查

土地调查主要包括地形调查和土壤调查，目的在于确定坪址土地的使用价值，以及土地平整、造型，土壤改良方案的制订与实施。

(1) 地形调查

首先，要收集、检查、鉴定与坪址有关的地形图等图纸资料，若没有，则需测绘。其次，确定地形整理与否，或地形整理的深、广度。若需平整，则应制订方案，计算出平整后心土暴露的面积。

(2) 土壤调查

土壤调查主要包括土层厚度、土质以及肥力状况的调查。

草坪是浅根性的植物，保持至少30cm的坪床土壤厚度才比较利于草坪建成后良好生长。如果土层太薄，坪床的保水能力较差，同时较薄的土层限制了根系的纵深生长，对草坪的生长不利。土层较薄地方，应客土填土，加厚土层。

大部分草坪草种适宜生长在中性、肥力较好的壤土中。

若是坪址土壤属于黏重易于板结的黏土，可以通过加沙与有机肥等将其改良成壤质土；若是含沙量较多的沙质土，则可以加黏土或者有机肥改良为壤质土，以增加保水能力；若土壤贫瘠，可以增施有机肥作为基肥，增加土壤肥力。

2.1.2 草种选择

草坪草种类繁多，不同草种有不同的生长习性以及观赏、利用价值。良好草坪的重要标准是能适应当地环境条件正常生长，能正常观赏并具有特定的功能，满足建植草坪的目的。因此，根据坪址的具体条件与建坪单位的具体需求，选择合适的草坪草种，是草坪建植成功的关键，也是草种规划最核心的内容。

为了能够选择合适的草种，做好草种规划任务，应该对草种选择的几个具体的原则进行全面理解。

草种选择必须根据建坪地的立地条件、建坪目的、经济条件等综合考虑，其中最基本的原则是"适地适草"。

（1）考虑生态适应性与抵御逆境的能力

选用的草种必须能在建坪地的环境条件下正常生长，即必须适应建坪地的气候、土壤、生物区系等。同时，还能忍受、抵抗各种超常的环境，即在各种自然灾害条件下，能长期生存下去。总而言之，就是所用的草坪草不仅要适应建坪地的环境，还要有一定的抗逆能力。

例如，在我国南方，应选用暖地型的草坪草种，而在我国北方，则应该选择耐寒的冷地型草种；在干旱地区，应选择耐旱草种，在排水不良地区，应选择耐涝草种，在滨海地区则选择耐盐的草种。

（2）根据利用目的选择草种

草坪的利用目的是多种多样的，不同的利用目的，对草坪草有着不同的要求。观赏草坪，注重草坪的外观品质，即要求草坪草具有密度高、色泽好、绿期长和质地细腻等特点。如细叶结缕草、草地早熟禾、杂交狗牙根、紫羊茅以及匍匐剪股颖等草种。但很多适合用于观赏草坪的草种，由于耐践踏能力较差，往往不适于运动场使用。

运动场草坪通常要求草坪草耐践踏能力较强、耐频繁修剪、根系发达、再生能力强等，比较适宜的草坪草种有杂交狗牙根、狗牙根、结缕草、中华结缕草、草地早熟禾、高羊茅、黑麦草等。

高尔夫球场的草坪选择更为具体而复杂，因球场不同的区域，需选用不同的草种，如果岭区要求草坪平整光滑、稠密、均一的击球表面和引人入胜的景观，要求草种耐频繁的低修剪，还要求相当的耐践踏性，杂交狗牙根、狗牙根、匍茎剪股颖、早熟禾、细弱剪股颖等满足上述要求。

高速公路的隔离带、安全岛选用白三叶比较好。江、河、湖等堤岸近水坡，常不定期地遭到水淹，要求草坪草耐湿、耐淹，可以在水面上漂浮蔓延不堵塞航道，且又具有一定的耐旱能力。号称"水陆两栖型"的双穗雀稗、两耳草特别适合。

(3) 根据草坪建植、养护费用与经济实力选择草种

人们通常所关心的费用是建坪时的经费，而占草坪建植与养护费用绝大部分的是今后长年累月的养护管理费用。很多暖地型草种如假俭草、结缕草、钝叶草、野牛草与地毯草等能耐粗放管理，养护费用低；大部分冷地型草种如黑麦草、草地早熟禾、林地早熟禾、匍匐剪股颖以及紫羊茅若要保持良好的草坪质量，则需要精细管理，管理费用较高。同样的草种建植的草坪，管理水平不同，所需费用也不同，管理水平高的，需要较多的管理经费。如混合剪股颖，高水平管理下，要求维持1.5～2cm的草高，平均3～5d需剪草1次，同时需要高水平的施肥、灌溉，越夏期及其前后还需防病和高要求的灌溉，这些费用相当可观，如果建坪单位没有一定的管理水平以及经费支撑，维持景观良好的混合剪股颖草坪，是难以实现的。

(4) 优先选择乡土草种

草种选用过程中，首先应该考虑的是乡土草种。世界各国发展草坪的一条经验，就是任何国家和地区总是首先开发利用当地的植物资源，如英国大力发展细弱剪股颖；美国则有草地早熟禾和狗牙根。我国南方优秀的乡土草种有假俭草、结缕草、地毯草和钝叶草等，北方则有野牛草、结缕草(表2-1)。

表2-1 常见草坪草应用特性比较

定植速度	冷地型草种	暖地型草种	叶片质地	冷地型草种	暖地型草种
快	多年生黑麦草	狗牙根	粗糙	高羊茅	地毯草
↓	高羊茅	假俭草		多年生黑麦草	钝叶草
	细叶羊茅	钝叶草		草地早熟禾	斑点雀稗
	匍匐剪股颖	斑点雀稗		细弱剪股颖	结缕草
	细弱剪股颖	地毯草		匍匐剪股颖	假俭草
慢	草地早熟禾	结缕草	细致	细叶羊茅	狗牙根
叶片密度	冷地型草种	暖地型草种	抗寒性	冷地型草种	暖地型草种
大	匍匐剪股颖	狗牙根	强	草地早熟禾	结缕草
↓	细弱剪股颖	钝叶草		细弱剪股颖	狗牙根
	细叶羊茅	结缕草		细叶羊茅	斑点雀稗
	草地早熟禾	假俭草		匍匐剪股颖	假俭草
	多年生黑麦草	地毯草		高羊茅	地毯草
小	高羊茅	斑点雀稗	弱	多年生黑麦草	钝叶草
耐热性	冷地型草种	暖地型草种	抗旱性	冷地型草种	暖地型草种
强	高羊茅	狗牙根	强	细叶羊茅	狗牙根
↓	匍匐剪股颖	结缕草		高羊茅	结缕草
	草地早熟禾	地毯草		草地早熟禾	斑点雀稗
	细弱剪股颖	假俭草		多年生黑麦草	钝叶草
	细叶羊茅	钝叶草		细弱剪股颖	假俭草
弱	多年生黑麦草	斑点雀稗	弱	匍匐剪股颖	地毯草

（续）

耐阴性	冷地型草种	暖地型草种	耐酸性	冷地型草种	暖地型草种
强 ↓ 弱	细叶羊茅 细弱剪股颖 高羊茅 匍匐剪股颖 草地早熟禾 多年生黑麦草	钝叶草 假俭草 地毯草 斑点雀稗 狗牙根 结缕草	强 ↓ 弱	高羊茅 细叶羊茅 细弱剪股颖 匍匐剪股颖 多年生黑麦草 草地早熟禾	地毯草 假俭草 狗牙根 结缕草 钝叶草 斑点雀稗

耐湿性	冷地型草种	暖地型草种	耐盐性	冷地型草种	暖地型草种
强 ↓ 弱	匍匐剪股颖 高羊茅 细弱剪股颖 草地早熟禾 多年生黑麦草 细叶羊茅	狗牙根 斑点雀稗 钝叶草 地毯草 结缕草 假俭草	强 ↓ 弱	高羊茅 匍匐剪股颖 多年生黑麦草 细叶羊茅 草地早熟禾 细弱剪股颖	狗牙根 结缕草 斑点雀稗 钝叶草 地毯草 假俭草

抗病性	冷地型草种	暖地型草种	形成枯草层的速度	冷地型草种	暖地型草种
强 ↓ 弱	多年生黑麦草 高羊茅 草地早熟禾 细叶羊茅 细弱剪股颖 匍匐剪股颖	假俭草 斑点雀稗 地毯草 结缕草 狗牙根 钝叶草	快 ↓ 慢	匍匐剪股颖 细弱剪股颖 草地早熟禾 细叶羊茅 多年生黑麦草 高羊茅	狗牙根 钝叶草 结缕草 假俭草 地毯草 斑点雀稗

耐践踏性	冷地型草种	暖地型草种	修剪高度	冷地型草种	暖地型草种
强 ↓ 弱	高羊茅 多年生黑麦草 草地早熟禾 细叶羊茅 匍匐剪股颖 细弱剪股颖	结缕草 狗牙根 斑点雀稗 钝叶草 地毯草 假俭草	高 ↓ 低	高羊茅 细叶羊茅 多年生黑麦草 草地早熟禾 结缕草 匍匐剪股颖	斑点雀稗 钝叶草 地毯草 假俭草 结缕草 狗牙根

修剪质量	冷地型草种	暖地型草种	再生性（恢复能力）	冷地型草种	暖地型草种
好 ↓ 差	草地早熟禾 细弱剪股颖 匍匐剪股颖 高羊茅 细叶羊茅 多年生黑麦草	狗牙根 钝叶草 假俭草 地毯草 结缕草 斑点雀稗	强 ↓ 弱	匍匐剪股颖 草地早熟禾 高羊茅 多年生黑麦草 细叶羊茅 细弱剪股颖	狗牙根 钝叶草 斑点雀稗 地毯草 假俭草 结缕草

(续)

需肥量	冷地型草种	暖地型草种
高	匍匐剪股颖	狗牙根
↓	细弱剪股颖	海滨雀稗
	草地早熟禾	钝叶草
	多年生黑麦草	地毯草
↓	高羊茅	结缕草
低	细叶羊茅	假俭草

2.1.3 建坪方式

2.1.3.1 单播建坪方式

单播是指草坪中只含1个品种。这样的草坪保证了最高的纯度和一致性，可造就最美、最好的草坪外观，但其对外界环境适应性较差，需要较高的养护管理水平。

2.1.3.2 混播建坪方式

草坪是由1种或多种（含品种）草坪草所组成的草本植物群落。选定的草种可以单种，形成纯一草坪；也可以由2种或2种以上的草种混合，形成混合草坪。混合草坪依据混合目的的不同，可以分为短期混合草坪、长期混合草坪和套种常绿草坪。

(1) 短期混合草坪

短期混合草坪是把长期多年生草种与一、二年生或短期多年生草种混合种植。其中，长期多年生草种称为建坪草种，一、二年生或短期多年生草种称为保护草种。目的是利用保护草种苗期生长迅速、能很快建坪的优势，保护苗期生长缓慢、建坪速度慢的建坪草种。这种混合草坪在建坪1~3年后，保护草种完成使命，逐渐衰退死亡，形成纯一或混合的长期多年生草坪。

用作保护草种的草坪草常有多花黑麦草、黑麦草等。如温带庭院草坪常用的保护草坪草为黑麦草或多花黑麦草，建坪草种为草地早熟禾或紫羊茅（前者在光照充足的条件下生长良好，后者在遮阴条件下具有生长优势），一年后，黑麦草、多花黑麦草基本消亡，形成草地早熟禾或紫羊茅的纯一草坪。

有的地方所使用的建坪草种为混合草种，如黑麦草+紫羊茅+细弱剪股颖+草地早熟禾，其混合比例为3:3:2:2，或黑麦草+草地早熟禾+匍茎剪股颖+紫羊茅+细弱剪股颖，混合比例为3:2:2:2:1，数年后，保护草种黑麦草存留无几，形成长期多年生混合草坪。

(2) 长期混合草坪

选择2个或2个以上竞争力相当、寿命相仿、性状互补的草种或品种混合种植，取长补短，提高草坪质量，延长草坪寿命。在草种组合时，应遵循下述原则：①掌握各类混合草种的生长习性和主要优缺点，做到优化组合和优势互补；②充分发挥种间的亲和性，做到共生互补；③充分考虑外观的一致性，确保草坪景观；④至少选出1个品种，该品种在当地任何条件下，均能正常生长。

(3) 套种常绿草坪

将冬绿型草种（如黑麦草、早熟禾等）在夏绿型草坪上套种，形成四季常绿的草坪，称为套种常绿草坪。这种技术又称为秋季追播、套播或者交播等，较适用于长江中下游过渡地区。此技术的优点是获得质量较好的常绿草坪，缺点是需要年年套种，增加劳动力成本。

  任务分解

本任务包括气候调查（资料查询）、坪址地形与植被调查、建坪目的及建坪单位情况调查等工作。

1. 建坪地气候调查

到图书馆、当地气象站或气象站官方网站查阅当地的气候类型，年最高温、最低温，以及0℃以上的天数，10℃以上天数；调查降雨量、极端天气状况等。

2. 土壤及植被调查

现场调查土壤的厚度，取样调查土壤的质地，土壤的酸碱度以及土壤的肥力等情况；调查乔木的种类、分布、遮阴情况，草本植物的种类、频度等。

3. 建坪单位情况调查

走访调查建坪单位的建坪目的，预期建坪成本及养护成本，调查其养护人员及养护机具等情况。

  任务实施

1. 场所、材料及用具

场所：指定地区某个园林绿化工程的待建草坪。

材料及用具：记录本、记录笔、土壤取样器、铁锹。

2. 方法及步骤

以小组为单位，在教师的指导下进行调查分析与规划。

(1) 查阅资料，调查坪址的自然气候条件，确定属于哪种气候类型，并调查建坪地的最高气温、最低气温、平均气温以及一年中高于0℃的天数；

(2) 在建坪地上取点，用铁锹深挖的方式，调查土层厚度；

(3) 用取土器取土，分析土壤的质地与肥力；

(4) 现场调查植被的情况以及主要杂草类型及发生情况；

(5) 了解具体绿化工程中草坪建植的目的以及建植单位的经济能力与养护能力；

(6) 确定草坪建植草种以及建植方式。

3. 要求

(1) 全面、仔细查阅建坪地的气象及相关资料；

（2）如实到现场调查建坪地的植被及土壤情况；
（3）清楚了解草坪建植单位的建坪目的以及建坪经济承受力、建坪后养护能力；
（4）能因地制宜选择合适建坪草种，做出合适建坪方案；
（5）认真完成实训报告。

考核评价

（1）理论考核：完成实训报告，根据实训报告的完成质量进行考核评分。
（2）实践考核：根据学生在操作现场的纪律表现，劳动配合程度，对具体操作的掌握程度以及操作的效果进行逐一评价，综合评分。

任务 2.2　坪地制作

工作任务

【任务目标】
通过实践操作，使学生理论联系实际，熟练掌握坪地制作中的各项工作内容，掌握清理场地、地形地貌改造、耕作土壤以及平整地面的技能，学会制作坪床的操作程序与技术。

【任务描述】
通过一系列的具体施工，把坪址设计所在的地方由原始地貌制作成适合草坪生长的坪地。

【任务分析】
坪地制作任务主要包括坪地清理、土壤耕作、土壤平整以及排灌设施安装等具体工作（图2-2）。

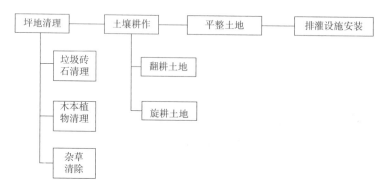

图2-2　坪地制作任务分析图

知识准备

坪地是草坪生长的基础与载体,其制作是否符合要求,制作质量是否良好,关系到草坪能否建植成功并在建成后能否良好生长。坪地制作主要包括清理、整地耕作、土壤改良与安装排灌设施。

2.2.1 坪地清理

(1) 木本植物的清理

根据建坪设计要求,确定木本植物去留方案。若是空旷草坪,则要去除树木。树木要伐倒、除根,以免残留根系影响草坪的建植施工;或者在草坪建成后,残留根系腐烂,造成土壤沉降,草坪凸凹不平,并滋生病菌害。

(2) 岩石、建筑垃圾的清理

岩石与建筑垃圾或移走,或深埋。草坪建植过程中常见的建筑垃圾有的无毒害,对草坪生长发育不产生影响;有的有毒害,或者对土壤理化性质会有不良影响,从而对草坪的生长产生不良影响。无毒害、无不良影响的可以直接埋入草坪50cm以下;有毒害或能改变土壤理化性质,对草坪生长发育有不良影响的,应清理到草坪之外。

(3) 杂草清除

坪地杂草的清除是一件极为重要的工作,在草坪建植之前,应综合运用耕作除草(如翻耕土壤)、化学除草与种植先锋草种抑制杂草等措施对坪地上的杂草进行最大限度的杀灭。

2.2.2 地形地貌整理

根据设计要求,进行地形地貌整理,或削高,或填注,或堆山,或挖塘。根据经验,进行整理时,应注意以下几点:

(1) 地貌整理必须在在建坪之前及早完成,以便之后能处理地形地貌整理后的各种遗留问题。如大面积心土改良,新暴露岩体的处理等。

(2) 地形地貌整理时,先剥离表土,单独存放,当地形地貌整理完毕后,平整心土,再将表土复位。

(3) 回填土时,应回填一层压实一层。一般是回填10~20cm后压实,然后继续回填,再压实,直至设计标高。需要注意的是,最上面一层10~20cm厚度的压实压力,不可大于2t。由于需种植草坪,不宜压得过实,以免土壤过于板结,影响草坪草生长。

(4) 坪地内的各种地形,尤其是溪、塘、池等水源,应尽可能保留:一是可以供排、灌、蓄水;二是可以增加景色。

2.2.3 坪地耕作

坪地耕作包括深翻、旋耕等操作过程,是草坪建植前的一项必备工作,土壤耕作可以改善土壤的通透性，提高持水能力和建成后草坪表面的稳定性。耕作宜在适宜的土壤湿度下进行，以用手将土捏成团，抛到地上即散开为度。

深翻是用犁深翻土地 20～25cm。通过深翻可使土壤翻转、松碎和混合，可将表土和植物残体翻入土壤深处。翻耕后要进行旋耕破碎土块，改善土壤的团粒结构，使坪床形成平整的表面。

2.2.4 土壤改良

土壤改良的目的在于提高土壤肥力，保证草坪草正常生长发育所需的土壤环境。土壤改良包括改良土壤理化性质，提高土壤肥力。

(1) 调节土壤酸碱度

一般情况下，草坪草在微酸性—中性—微碱性的土壤中生长良好。若土壤偏酸（$4.5 < pH \leq 5.5$）、偏碱（$8.0 < pH \leq 8.5$），则应改良。施用石灰石粉、熟石灰、煤渣灰等可改良酸性土，施用硫黄、石膏粉、洗盐、淡碱等可改良盐碱土（表2-2）。但若土壤过酸（$pH \leq 4.5$）、过碱（$pH > 8.5$），除改良土壤酸碱度外，需注意选择耐酸或耐碱的草坪草进行栽培。

表2-2 100m² 土壤调至 pH6.5 施用石灰石粉的参考量

原土壤 pH	石灰石粉用量(kg)			备 注
	砂 土	壤 土	黏 土	
6.0	10	17	24	
5.5	22	37	49	
5.0	32	54	73	耕作层厚度以15cm 计算
4.5	39	73	98	
4.0	49	85	112	

若在成熟草坪内追施石灰石粉，用量一般以每100m² 不大于24kg 为宜。

中和土壤碱度，最常用的是硫黄粉（S）。使用硫黄粉不仅可以中和酸碱度，还可以起消毒作用，操作方法简单，花费也较少。在建植草坪前，施硫黄粉于耕作层，具体用量见表2-3。

表2-3 100m² 土壤调至 pH6.5 施用硫黄粉的参考量

原土壤 pH	硫黄粉用量(kg)			备 注
	砂 土	壤 土	黏 土	
8.5	17～22	19～26	22～29	
8.0	12～17	14～20	17～24	
7.5	5～7	7～10	10～12	耕作层厚度以15cm 计算
7.0	1～2	3～5	4～6	

若在成熟草坪中追施硫黄粉，用量以每100m² 不大于2.44kg 为宜。此外，也可用生石

膏粉($CaSO_4 \cdot 7H_2O$)，较之硫黄粉用量大，花费较多，操作量也增加，但可以补钙，缺钙的土壤可以选用。

草坪建植前施用石灰石粉和硫黄粉，都应分层分批均匀撒施，耕翻入土，一般改良耕作层12~15cm，若能达到25~30cm更好。草坪建成后，通常每隔2~3年测定一次土壤耕作层的酸碱度，决定是否需要追施以及追施数量。追施的石灰石粉、硫黄粉越细越好，若细度不够，则用撒施、播种机均施。施用以后，最好喷灌一次，以便冲洗入土。

在时间允许的条件下，不管是酸性土还是碱性土，都可以通过种植绿肥、先锋草等生物方法进行改良。

(2) 改良土壤质地

大部分草坪草适宜在具有良好团粒结构的壤土上生长。若土壤过砂或过黏，只要经济条件许可，都应进行改良。改良办法为：黏土掺砂，砂土掺黏，或因地制宜掺经过处理的垃圾、煤渣等，把过黏或过砂的土壤改变成壤土（黏壤土至砂壤土范围）。

(3) 提高土壤肥力

在土壤贫瘠的坪地，增加土壤有机质是提高肥力的有效手段。草坪建植之前，使用有机肥料如施用发酵消毒后的养殖场的禽畜排泄物、厩肥、堆肥等，或者种植绿肥和先锋草，然后埋青，是增加土壤有机质的有效办法。

2.2.5 灌排水系统的安排

草坪的常规管理主要是水分与肥料管理，水分管理贯穿草坪建植和后期养护管理的整个过程，对任何草坪草来说都是至关重要的。坪地制作中，设计一个良好的灌、排系统是保证草坪优质、长寿的极为关键的措施。

(1) 灌溉系统

灌溉有漫灌、浇灌、喷灌与渗灌等几种方式，各有优缺点。目前草坪工程中使用较多的是喷灌方式，喷灌投资较多，但使用方便，效果较好，漫灌与浇灌则相反。

灌溉系统的安排应以方便、实用、经济、稳定可靠为原则，根据具体条件，灵活应用，切忌盲目跟风，贪大求洋，造成不必要的浪费和损失。

(2) 排水系统

排水系统可分地表径流排水和非地表排水（渗透排水）两种，前者可迅速排除地面多余的水分；后者是水分渗入土层内，或保留在土壤中，或转化成重力水，汇入地下水。草坪地排水以地表径流排水为主，占总排水量的70%~95%。排水良好的草坪地，可在雨后1d之内将重力水排除或基本排除。

2.2.6 坪地平整

坪地的平整度与草坪的景观密切相关。由于坪地在翻耕、破碎土壤后，土壤有一定的沉降过程，因此，坪地的平整应在翻耕后土体稳定后进行，否则，坪地平整以后仍会发生由于沉降而产生的坑洼现象。坪地的平整度主要依据草坪的利用目的确定，通常分为一般平整和高级平整。

(1) 一般平整

地面的平整度和坡度均按设计要求，施工误差遵循一般土建工程做地坪的要求，不得超过±0.5%。摊平地面后，用不超过2t的压路机滚压。不允许存在坑坑洼洼的现象，在线检测，在2m范围内，水平高差不超过1cm。一般绿化、观赏、交通安全、护坡草坪等均可采用。小面积草坪的地面平整通常由人工和传统农机具实施。

(2) 高级平整

地面的平整度与坡度均按设计要求，施工误差在±0.2%以内。通常通过高程测量，分成小方格，逐格平整，然后统一磨平。

任务分解

本任务包括坪地清理、坪地地形改造、坪地耕作及土壤改良、排灌系统施工以及坪地平整6个具体方面的工作。

1. 坪地清理

清理坪地范围内的树木，进行砍伐并挖根；人工清理或者用灭生性除草剂清理坪床杂草；人工清理建筑垃圾；把清理的树木、杂草、建筑垃圾统一清理出建坪地。

2. 地形改造

用机器平整整个建坪地面，并进行顺势造型或者按设计造型。

3. 坪地耕作及土壤改良

使用机器或者人工翻耕土地，翻耕深度30cm左右，翻耕后，施入有机肥，然后使用旋耕机进行土壤旋耕破碎，使得土壤粒径破碎至1cm左右，土壤与肥料充分混合。

4. 排灌系统施工

根据设计，进行排水与灌溉系统的管线施工。

5. 坪地平整

先进行大面积统一的机器推平，然后把坪地分成小块，进行分区平整，最后再进行一次对所有分区的统一平整。

任务实施

1. 场所、材料及用具

场所：学院草坪实训基地。

材料及用具：每组配备旋耕机、铁锹、五齿耙、箩筐、有机肥、复合肥若干。

2. 方法及步骤

5～6人为一小组，在教师的指导下进行实践操作。

(1)清理场地
①利用铁锹等工具清除场地中的砖、石块及其他垃圾(运出场地或深埋60cm以下);
②清理影响草坪建植的乔灌木;
③人工清理杂草,或者喷施除草剂除草。

(2)整改地形地貌
对坪床地面进行挖高填低的挖填方整平工作,或者使用机器推平地面。

(3)土壤耕作与改良
①翻耕　用机器或者人工铁锹翻耕,要求土层深度达20cm以上。
②改良土壤　按50t/hm²左右的用量将有机肥均匀撒施场地表面,或者根据土壤肥力状况撒施三元复合肥30~80g/m²。
③旋耕耙碎　使用旋耕机或者五齿耙耙碎土壤,使土块细碎,土块粒径小于2cm。
④平整地面　用五齿耙耙搂场地,使场地平整,并要求场地四周低、中间高,坡度0.5%左右,场地无低洼处。

3. 要求

(1)建坪地的建筑垃圾与乔灌木要清理干净并移除出建坪地统一集中处理;
(2)建坪地要对杂草进行重点清除,建坪前坪床地面保证无杂草;
(3)坪床地形地貌改造后坪床无明显的坑洼起伏;
(4)翻耕深度适宜,翻耕深度要保证30cm左右,不能太深或太浅;
(5)旋耕破碎土块粒径适宜,保证土壤粒径在2cm之内,最好把土壤耙碎至粒径1cm左右,不能太细。
(6)坪床平整保证做到小平大不平,有一定的排水坡度,中间高四边低。

考核评价

(1)理论考核:完成实训报告,根据实训报告的完整度以及准确度进行考核评分。
(2)实践考核:根据学生在操作现场的纪律表现、劳动配合程度,对具体操作的掌握程度以及操作的效果就行逐一评价,综合评分。

项目 3 草坪建植

学习目标

【知识目标】
(1) 了解常用的草坪建植方法,掌握有性繁殖法、无性(营养)繁殖法的概念与原理。
(2) 掌握种子纯度、发芽率的概念,掌握种子催芽、消毒等知识,掌握播种量确定的原理,理论播种量、实际播种量的概念,了解不同草种播种期确定的依据。
(3) 了解草坪满铺法的优缺点及适用范围,草皮块的质量等级。
(4) 了解种茎繁殖的原理,掌握单元种茎的概念,种茎繁殖法的优缺点及适用范围。
(5) 掌握草坪苗期生长特点,苗期养护的相关知识。

【技能要求】
能够熟练进行称量种子、撒播种子、覆盖种子、切分草块、铺设草皮、镇压草皮、挑选种茎、切分单元种茎、撒播草茎、镇压草茎、浇水等工作,并能熟练应用这些技能进行草坪建植。

任务 3.1 播种建坪

 工作任务

【任务描述】
了解草坪种子质量检测方法,学会对种子进行播前浸种消毒,掌握用种子直播法建植草坪的方法及程序,熟练运用种子直播建坪的全套技能。能进行种子检测、纯度测定、发芽实验,然后对种子进行播种前的处理,最后用播种建植技术建成一块面积为 100m² 的草坪。

【任务分析】

详见图 3-1。

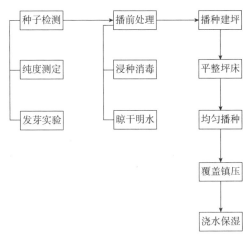

图 3-1 播种建坪任务分析图

知识准备

3.1.1 种子品质

影响种子品质的主要因素有两个：一是纯净度；二是生活力。

种子纯净度是指某一主体品种纯种占总重的百分比，通常草坪草种子的纯净度在 80%~97% 之间。

种子的生活力，是指种子能萌发并获得正常幼苗的能力，通常用发芽率表示。发芽率指测试种子发芽数占测试种子总数的百分比。种子生活力的强弱，与种子收获时的成熟度、收获后贮藏条件的好坏、贮藏期的长短等有密切关系。

种子的纯净度和生活力两项指标是在实验条件下测得的，野外由于受多种条件如温度、湿度、覆土等的影响，实际发芽率会有所降低。

3.1.2 种子发芽实验

(1) 准备培养皿 1 个、滤纸 1 张、滴管 1 个、草种若干（根据种子大小决定量）。

(2) 将滤纸剪得直径比培养皿略小些，然后将滤纸放于培养皿内。

(3) 将种子置于滤纸上，注意种子之间留有间隙，用滴管滴水到滤纸上，至滤纸湿润，然后盖好培养皿，放至恒温箱。

(4) 定期给培养皿滴水，以保持滤纸湿润状态，直至种子开始发芽，根据发芽数量计算发芽率。

种子发芽率的计算公式为：发芽率 = 发芽的种子数/共检测的种子数 ×100%

3.1.3 草坪混播技术

混播草坪的草种混合比例,常取种子重量之比。

混播分为两种方式。一种是种内的不同品种间的混合,例如,我国北方观赏草坪或草皮卷,常用草地早熟禾3~4个不同的品种混合播种,品种间的比例随品种特性有所变化。另一种是种间不同种类的草坪草种混合播种,例如,常用于运动场草坪草种的混合组合有:高羊茅+草地早熟禾,其比例随管理水平有所不同,在这一混合组分中,由于高羊茅的丛生特性和相对较粗糙的叶片质地,高羊茅必须是混播的主要成分,其比例一般在85%~90%之间;多年生黑麦草发芽快,幼苗生长迅速,能快速覆盖地面,形成局部遮阴,给草地早熟禾种子发芽创造适宜的环境,并能在一定程度上抑制杂草的生长,常被用于混播组分中,充当先锋植物。多年生黑麦草还可用于暖地型草坪草的冬季补播,过多的多年生黑麦草会对混播中的其他组分的生存和生长造成威胁,因而多年生黑麦草的比例不应超过50%。

(1)混播草种的组成

混播组合中,依各草种数量及作用,可分为3个部分:

①建群种　体现草坪功能和适应能力的草种,通常在群落中的比重在50%以上。

②伴生种　是草坪群体中第二重要的草种,当建群种生长受到环境障碍时,由它们来维持和体现草坪的功能和对不良环境的适应,比重在30%左右。

③保护种　一般是发芽迅速,成坪快,一、二年生的草种,在群落组合中充分发挥前期生长优势,对草坪组合中的其他草种起到先锋和保护作用。

(2)混播草种应遵循的原则

①掌握各类草种的生长习性和主要优点,做到合理优化组合和优势互补。

②充分注意种间的亲和性,做到共生互补,并考虑观赏特性的一致性,以确保草坪的高品质。被选用的混播草种或品种要在叶片质地、分蘖类型、生长习性竞争力、寿命等方面有较一致的特点。

③至少选取出1个种(或品种),该种(或品种)在当地正常条件和任何特殊条件(适度遮阴,强碱性等)下,均能正常发育。

④至少选择3个种(或品种)进行混合播种,但也不宜过多。

⑤混播各组合的比例要适当,生长旺盛的草种,如多年生黑麦草在混播中的比例常不超过50%。在高羊茅和草地早熟禾的混播中,由于高羊茅的丛生生长特性,高羊茅必须是混播的主要成分,其组分在85%~90%为宜,以形成致密的草坪。比例太小的高羊茅植株常形成直立状斑块,形似杂草。若加保护草种,则保护草种的混入量通常为建坪草种的10%~20%,不宜超过20%。

⑥混播应根据草种不同功能和使用用途进行合理组合,如运动场草坪需要耐践踏、耐频繁修剪、根系发达、再生能力强的草种,早熟禾一般在冷地型草坪混播组合中占主导地位;建植耐阴草坪时,粗茎早熟禾比草地早熟禾和绒毛剪股颖好。表3-1列出了常见的混播草种比例组合。

表 3-1 常见混播草种比例组合

混播草种	混播比例
细弱剪股颖:草地早熟禾:紫羊茅	2:3:5
草地早熟禾'菲尔京'('Fylking'):草地早熟禾'Ram-1':草地早熟'禾芭若'('Baron'):紫羊茅	4:3:1.5:1.5
草地早熟禾'优异'('Merion'):草地早熟'禾芭若'('Baron'):草地早熟禾'Ram-1':细狐茅	4:2:2:2
高羊茅:草地早熟禾:多年生黑麦草	2:6:2
高羊茅:草地早熟禾	8:2
草地早熟禾:紫羊茅	4:6
草地早熟禾:紫羊茅:小糠草或细弱剪股颖	5:4:1
高羊茅:草地早熟禾:细狐茅	5:3:2
草地早熟禾:细狐茅	8:2
高羊茅:粗茎早熟禾:紫羊茅	4:3:3
草地早熟禾:加拿大早熟禾:高羊茅	4:3:3
高羊茅:加拿大早熟禾:多年生黑麦草:小糠草:白三叶	3:2:1:2:1
多年生黑麦草'SR4400':'SR4010':'SR4100'	3:4:3
高羊茅:早熟禾:黑麦草	7:2:1

3.1.4 播种量确定

草坪播种量主要依据千粒重(种子大小)、发芽率、播种季节、场地状况、管理水平等因素。千粒重是以克表示的一千粒种子的重量,它是体现种子大小与饱满程度的一项指标,是检验种子质量和作物考种的内容,也是田间预测产量时的重要依据。实际应用中也常用每克草种的颗粒数表示。播种量要适当,过少会延迟成坪时间,增加管理难度;过多会促发病害,幼苗需经过自然稀疏后才能正常成株,提高不必要的成本开支,也造成了浪费。从理论上说,每1cm²应该有一株健壮草苗,即10 000株/m²,为保险起见,再增加一倍,即达到20 000株/m²。一般生产上的理论取值为10 000~20 000株/m²。

$$播种量 = \frac{每平方米留苗数 \times 千粒重 \times 10}{1000 \times 种子纯度 \times 发芽率}$$

实际操作时,以上计算结果还要加20%的损耗量。生产上播种量多采用经验值,表3-2为建立纯一草坪的实际播种量,仅供参考。

表 3-2 常见草坪草种子每克粒数和播种量

草 种	每克粒数	播种量（g/m²）
小糠草	11 000	6~8
匍匐剪股颖	18 000	5~7
细弱剪股颖	19 000	5~7
草地早熟禾	4800	8~10
加拿大早熟禾	5500	8~10
紫羊茅	1200	17~20
羊茅	1400	17~20
高羊茅	500	25~35
多年生黑麦草	500	30~40
野牛草	100	25~30
狗牙根	4000	6~8
结缕草	3400	8~12
假俭草	900	18~20
地毯草	2500	10~12

如果遇到坪床的土壤条件恶劣、播种期不适宜等状况，应适当加大播种量。草坪草如具有较强的匍匐能力，则可以适当降低播种量。

3.1.5 种子播前处理

播种前需对种子进行处理，目的是提高种子的发芽率和发芽速度。常用的方法有以下几种。

(1) 晒种

晒种有利于提高种皮的通透性和增强种子吸收水分的能力，促进气体交换，从而促进种子发芽；同时具有一定的消毒作用。通常将种子摊在匾内，阳光下暴晒 4~6d，注意要经常翻动，也可摊在泥地上晒种。注意不能在水泥地上晒种，以免地表温度过高烫死种子。

(2) 石灰水浸种

用浓度为 1% 的石灰水浸种，既可对种子进行消毒，又可提高种子发芽率和发芽速度。处理时，可按重量称取 1 份新鲜石灰，加 99 份水，调和时先加少量的水调成糊状，再加入足量的水，搅拌、澄清后，取上面的澄清液浸种。浸种时间约 24h，取出，用清水反复淘洗，水清为止。最后，将种子晾干至表面无明水，相互分离，即可播种。

(3) 催芽

草坪草种子催芽主要有两种情况，一种是为了缩短出芽时间；另一种是为了提高种子发芽率，如结缕草属种子，如不催芽，发芽率则极低，甚至为零。浸种完毕，将吸足水的种子沥干，堆放，上面覆盖编织袋等物，以减少水分蒸发。注意经常检查，若种子堆内温度过高，超过35℃，应及时翻堆；若发现水分不足，应立即洒水，洒水以不淌水为度。尤其在种子"破口"、"露白"时，应特别注意种子堆内温度和水分的变化。当大部分种子"破口"、"露白"时，则及时摊晾，至表面干燥，即可播种。期间，即使部分种子根、芽发齐，只要不超过1cm，都没有太大关系。

结缕草属种子，由于发芽率较低，应作追加处理。浸种完毕后，与2倍湿沙拌和，置于通气良好的容器内，架空搁置，保湿15～30d，种子"破口"、"露白"率超过50%，即可播种。

（4）药剂拌种

通常用多菌灵可湿性粉剂拌种，用量为种子重量的0.2%～0.3%，或者先将药与细土拌匀再与种子拌匀。托布津、福美双、代森锌、敌克松、纹枯利等农药也可用于药剂拌种。

3.1.6 播种期的确定

草坪草的播种时间，因生态环境和草坪草品种的不同而有差异。影响草坪建植时间的主要因素是温度条件。冷地型草坪草的种子发芽适宜温度为15～28℃，暖地型草坪草的种子发芽适宜温度为21～35℃，幼苗最适生长温度为25～35℃。

一般华东、华中、华南等较温暖的地区，3～11月均可播种；东北、西北地区，冷地型草坪草的播种期在3月下旬或4月上旬到10月上旬。冷地型草坪草最适宜的播种时期是夏末秋初。夏末秋初地温较高，极利于种子发芽，此时冷地型草坪草发芽迅速，只要水肥条件良好，幼苗就能旺盛生长，播后立即进入秋季，低温可抑制部分杂草的生长；翌年经过春季的生长，可大大提高越夏的能力。但不能播种过迟，因为过迟就可能因气温过低，影响种子的发芽、生长，降低越冬能力。如果在春末夏初播种冷地型草坪草，由于草坪草生长时间较短，就会增加植株在干旱、高温胁迫下死亡的可能性，同时也有利于杂草的生长，极易造成草害。暖地型草坪草最适生长温度大大高于冷地型草坪草，因此以春末夏初较好，此时播种可以满足草坪草所需要的温度和生长时间。

3.1.7 播前坪地处理及土壤改良

坪床处理有清理、翻耕、平整、土壤改良、排灌系统处理、施肥等几种。实际操作中，应根据不同的土壤状况、不同类型的草坪等进行不同的处理。

理想的坪床应该土层深厚，排水良好，结构适中，pH值在5.5～6.5之间。如果土壤条件较差，则需土壤改良。土壤改良就是在土壤中加入改良剂，以改良土壤性状，使其适合草坪草的生长。目前常用的改良剂有泥炭、木屑、石灰等。土壤改良剂至少应混合在10～15cm深的根层上部。农用石灰石常用于酸性土壤改良，调整精细的颗粒有利于其迅速反应（表3-3）；大理石用于含铁镁的酸性土壤中；硫一般施入碱性很强的土壤中，施入的数量依据土壤测试的结果而定表3-4。特殊用途草坪（如运动草坪），为了提供足够耐践踏能力，需将原土移走，重新铺上配置好的介质。

表 3-3　提高 pH 到 6.5 所需石灰的量　　　　　　　　　　　　　　　kg/m²

原土 pH	砂土	砂壤土	壤土	粉壤土	黏壤土与黏土
4.0	29.3	56.2	78.6	94.2	112.3
4.5	24.9	46.8	64.9	78.6	94.2
5.0	20.0	38.1	51.8	63.0	74.2
5.5	13.7	29.3	38.1	44.9	51.8
6.0	6.9	15.6	20.0	24.9	26.8

表 3-4　降低 pH 到 6.5 所需的硫元素的量　　　　　　　　　　　　　kg/m²

原土 pH	砂土	砂壤土	壤土	粉壤土	黏壤土与黏土
8.5	22.5	24.9	27.9	30.8	33.7
8.0	13.7	15.2	16.6	19.5	22.5
7.5	5.3	6.9	8.8	9.8	11.2
7.0	1.0	1.1	1.9	2.5	3.4

一般在线虫易感地区、杂草严重地区、根系层中混入了未经消毒土壤的情况下，还需对坪床进行消毒处理。熏蒸法是对土壤进行消毒的较有效的方法，常用的熏蒸剂有溴甲烷、氯化铝、甲基溴化物等。熏蒸后 2~5d 可进行播种。

播种前坪床需要施入一定量的基肥。基肥的种类和施入量要根据草坪品种的要求和土壤营养成分测试结果而定。磷、钾肥是基肥中两种主要肥料，若根系层以沙为主，往往也比较缺乏微量元素。

3.1.8　换土技术

当坪床原有土壤不能满足草坪建植需要时，必须换土。为充分满足草坪草生长需要，可根据草坪草生长特点，在条件许可的情况下，根据设计方案，分批分层将各种改良原料、肥料与土壤按比例平摊于场地上，用拖拉机旋耕拌匀。换土在具有灌溉的条件下进行，至少在 30cm 以上。

回填换土时，每次回填 10cm，自下而上，分别用辊筒重 ≥12t、≥8t、≥2t 的辊压机滚压。压实的标志是土表没有轮印。预留存放一定量的回填土在坪床施工现场附近，待回填土充分沉实后，若地面出现不平整，可以及时用预留土修补土面，保证土表平整。

3.1.9　播种建坪

经过地面平整的坪地，在播种前还需进行整地处理。首先，检查地面是否平整，若有坑洼现象，应予弥补；其次，若坪地上有杂草滋生，应于播种前或播种后苗期除草，化学除草最好在播种前进行；最后，若地面因平整时间过长而板结，应予"毛面"，以形成一个疏松的土壤表面。

(1) 播种

播种要求草坪草种子均匀分布在坪地上，种子掺和到 0.5~1.5cm 的土层中。播种后可轻压，以保证种子与土壤紧密结合。播种太深或覆土太厚，都会影响出芽率，而过浅或不覆土易使种子流失。具体播种深度或覆土厚度应视种子大小和发芽是否需光而定。播种多采用播种机或人工撒播的方法。播种机能均匀地把种子撒播到坪床上，保证播种质量。

将种子与沙子进行混合播种有利于种子撒播均匀。机械播种可使用手推式播种机、手摇式播种机或液压喷播机进行。高尔夫球场果岭常采用手推式播种机或液压播种机播种，操作时应注意行走速度均匀，并将播种机的播种量调整适当，以达到均匀播种的目的。无论采用机械播种，还是手工播种，都应选择在无风的天气进行，而且注意防止将种子播到坪床之外。

图 3-2 人工撒播

人工撒播大致可按下列程序操作（图 3-2）：

①把坪地划分成若干块或条。

②把种子分成相应的若干份。

③将种子均匀撒播。若种子过于细小，可以掺细沙或细土后撒播。

④用工具轻捣、轻拂、轻拍，然后覆土。

⑤轻压。注意此时土壤不能过于潮湿，以免压后地面板实。

（2）播后管理

播种结束后，即进入播后管理。主要项目有：

①灌溉与蹲苗　灌溉以少量多次为好，每次灌溉的水量控制在不使土面结皮为度，尽量保持土面潮湿，直至苗齐。一般在第一片绿叶全展后进行蹲苗，即人为干旱，以促使幼苗扎根，提高根冠比。蹲苗可与灌溉交替进行，蹲苗的强度随幼苗的生长而加强。

②覆盖　覆盖是用外部材料覆盖坪床的作业，目的在于保湿、增温（保墒），减少地面板结，减少侵蚀并为幼苗萌发和发育提供一个适宜的小环境。在自然环境较差的地带，坪床覆盖较为重要。覆盖材料有地膜、稻草、草末、麦秆等，常用的是塑料地膜、无纺布。覆盖在第一次灌溉后进行，但种子发芽"立针"后，应及时揭膜，否则可能出现烧苗、弱苗或诱发病害。

③破土壳　灌溉量过大、灌溉方式不当或遭遇大雨，常会造成土表全部或局部结壳，影响全苗、齐苗、均苗和已出土的幼苗的生长。此时可用钉耙等工具将土壳破除，破除时应注意避免伤苗。用沙子、泥炭、堆肥等覆土，一般不会结壳。

④施好头肥　头肥又称断奶肥，指帮助幼苗自胚乳（或子叶）提供养分过渡至幼苗自养而施的一次速效肥。这是壮苗，促使提早分枝、分蘖的关键。常用的是尿素：磷酸二氢钾为 1:1，以 0.1%~0.2% 的水溶液，叶面施肥为佳。也可每 $100m^2$ 施用混合肥料 2~2.5kg。

⑤间苗、补苗　在出苗不均匀的情况下，需要进行间苗、补苗。出苗不均匀时，密度大处幼苗拥挤，影响生长，因此，移密补稀，一举两得。宜于三叶期前后，进行 1~2 次。由于间苗、补苗比较费工，所以，应尽力保证播种质量，减少间苗、补苗的工作量。

⑥清除杂草 草坪幼苗期常会发生同步杂草危害。草坪幼苗期不宜进行化学除草,因此一般只能人工除草。

任务分解

1. 种子品质鉴定

(1)观察种子的外观。优质的新种子外观完好,表皮有光泽,尘粉极少,而劣质陈种子一般在外观上有破损残缺,表皮晦涩无光泽,尘粉较多。

(2)按国际种子检测标准的条件对种子进行发芽率实验。优质种子的发芽率高,发芽势好,反之为劣质种子。

(3)检测种子的纯度。优质种子的纯度高;劣质种子纯度低,含大量杂质或者其他混杂的植物种子。

(4)做发芽实验,测试种子发芽率,以辅助计算播种量。

2. 播种前种子处理

使用广谱杀菌剂如多菌灵、百菌清等对种子进行浸种消毒,消毒后在阴凉处晾干明水。

3. 播种建坪

(1)把坪床分成面积相等的若干条块,然后把种子分成相对应的若干份,每块坪床上播种相对应的一份种子,在播种区域内先沿一个方向播下该区域播种量一半的种子,再沿垂直方向播下另一半种子,均匀播种。

(2)用五齿耙轻轻耙土,覆盖草籽,并用铁辊镇压坪床。

1. 场所、材料及用具

场所:学院草坪实训基地。

材料及用具:每组配备待建、已整好的草坪场地一块(100m²左右)、高羊茅或者黑麦草草种4kg左右、五齿耙、铁辊、绳子、皮尺、简易浇灌设备等。

2. 方法及步骤

5~6人为一小组,在教师的指导下进行实训操作。

(1)实训地准备

①清理与平整场地 首先要清理掉坪床上大颗粒土块及石头、砖块等,然后用五齿耙将坪床耙平,使坪床表面平整,土壤疏松,土块细碎。

②坪床分区 把坪床平均分成10个区域,每一分区面积相同(10m²)。

(2)称量草种

称量3~4kg黑麦草或者高羊茅草种,并平均分成质量相等的10份,每份300~400g,每个分区分配一份。

(3)撒播草种

将每个分区上的草种均匀撒播到该分区内,先沿一个方向均匀撒播一半种子,再沿与第一次播种方向相垂直的方向撒播下另外一半种子。

(4)覆盖、镇压

用五齿耙将播种后的坪床轻轻耙一遍,使种子与土壤混合,铁辊镇压一遍,保证种子与土壤紧密接触。有条件的可加铺覆盖物(如无纺布等)。

(5)浇水保湿

第一次要浇透水,以后每天浇水1~2次,不能有死角,保持土壤湿润6~7d至种子发芽。如果铺覆盖物,则当幼苗长到2~3cm高时,及时去掉覆盖物,以免发生黄化苗。

3. 要求

(1)准确测定草坪草种子的纯度以及通过发芽实验检测种子的发芽率,根据标准播种量的定义计算出草种的每平方米标准播种量,并确定出实际播种量。

(2)根据计算出的实际播种量以及建坪地的面积,计算出实际用种量,利用天平准确称量所需草种的量。

(3)按照杀菌剂的浓度要求,进行24h浸种消毒,并晾干明水。

(4)精细平整坪床。

(5)播种时采用分区播种,保证均匀播种。

(6)播种后对坪床进行轻耙,表土覆盖草种,并适当进行镇压,播种后第一次浇水必须浇透。

 考核评价

(1)理论考核:

①考核播种法建坪的优缺点,适用范围;考核播种量确定的原理,理论播种量与实际播种量的区别。

②完成种子直播法建坪的实训报告,要求包括建坪的步骤与程序以及注意事项。

(2)实训考核:现场考核播种建坪各环节是否完整以及是否符合实训要求,播种是否均匀(出苗后的均匀度),并考核草坪的成坪速度以及成坪质量。

任务 3.2 铺植建坪

铺植建坪就是将草皮(草皮卷或草皮块)直接铺植在平整好的坪床上,以达到快速成坪的一种方法,具有成坪速度快的优点,缺点是建坪成本较高,施工强度大。此建坪法在草坪正常生长季节均可进行。

工作任务

【任务目标】

掌握坪床处理的技术方法,学会铺植草皮及表施土壤技术,能熟练利用铺植技术建植草坪或修补草坪。

【任务描述】

首先选择生长健壮、无病虫害的优良草坪,按一定规格(30cm×30cm 或 30cm×60cm)铲下(图3-3)。草块厚度要均匀一致,一般保持2~3cm,然后将草块叠起或卷起捆扎,运到平整好的场地进行铺建。用密铺法或间铺法建植一块面积为100m^{2}的草坪。

【任务分析】

详见图3-4。

图3-3 草皮卷

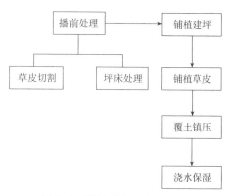

图3-4 铺植建坪任务分析图

知识准备

3.2.1 密铺法(满铺法)

密铺法是用草皮将地面完全覆盖的方法。把草皮铺在地面,草皮之间的缝隙仅留1~2cm,用0.5~1.0t重的辊筒压实,并伴随覆土(表施土壤)予以平整。铺草皮前后应充分浇水。密铺法适用于暖地型草坪草与冷地型草坪草。

3.2.2 间铺法

间铺法基本同密铺法,区别在于间铺法各块草皮间距较大,且草皮按相间顺序排列铺设,铺设面积为总面积的1/3~1/2。需注意的是间铺法一定要使铺设的草皮块同周围土地相平，这样既美观也利于草皮的成活。间铺法适用于暖地型、匍匐性强的草，如狗牙根、结缕草、剪股颖等。

3.2.3 条铺法

将草皮切成宽6～12cm的长条，以20～30cm的距离平行铺设，其他要求同间铺法。经过一段时间，草皮之间便可以衔接在一起。

3.2.4 表施土壤

表施土壤是将沙、土壤和有机肥按照一定比例混合，然后均匀地施入草坪的作业。表施土壤可使草坪平整，为草坪草再生提供营养，促进不定芽的再生和生长，并加快枯枝落叶的分解。表施土壤原料应尽量与坪床一致，一般将土壤、沙、有机肥按照1:1:1（或2:1:1）比例混合。

任务分解

1. 坪床处理

坪床要求平整，土壤粒径<2cm。如果坪床处理得不好，将会给后期草坪管理带来许多不便，影响草坪质量。如果坪床不平，坑坑洼洼，后期浇水时则会出现旱、涝区域，局部湿热便是导致草坪草病害的一个重要因素。理想的坪床应平整，排水畅通，潮而不湿。

2. 选择草皮

首先，铺设所用的草皮应是纯净、均一、生长发育良好、无病虫害、人工栽培的年轻成熟草坪；其次，应该选择质量等级高的草皮来进行铺设（表3-5）。

表3-5 草皮质量等级

指标 \ 等级	一级	二级	三级
1. 适应性		适应当地条件，并满足草坪建植的功能	
2. 草种名称或混合组成	清楚	清楚	草种清楚，某些品种名不清楚
3. 标签		清楚标明所要求的项目	
4. 盖度(%)	100	95～99	90～94
5. 草皮土层厚度(mm)	15±3	18～23	24～30
6. 草皮强度		可以拎起草皮的一端至150cm的高度而草皮不断裂	
7. 杂草率(杂草或者目标外草种的面积百分比)	无杂草	<2 不含农业部或者当地权威机构所认定的恶性杂草	<5L 不含农业部或者当地权威机构所认定的恶性杂草
8. 病虫侵害率(%)	≤1	1.0～3.0	3.0～5.0

(续)

等级 指标	一级	二级	三级
9. 草皮切面形状	宽度误差<10mm，长度误差<3%。破碎的草皮或有一端参差不齐的草皮都是不合格的	宽度误差<12mm，长度误差<5%。破碎的草皮或有一端参差不齐的草皮都是不合格的	宽度误差<15mm，长度误差<8%。破碎的草皮或有一端参差不齐的草皮都是不合格的
10. 枯草层厚度(mm)	≤8	≤10	≤13
11. 新鲜度	叶片新鲜、坚挺	叶片不够坚挺	叶片微微萎蔫

3. 铺植草皮

用人工或机械铺植草皮都是可行的方法。草皮应尽可能薄，以利于快速扎根。铺设时应把所铺的草皮块调整好，使相邻草皮块首尾相接处交错，以便把由于收缩而引起的裂缝减少到最小；把单体草皮块与相邻的草皮块紧密相接并轻轻夯实，以便与土壤均匀接触。如把草皮块铺在倾斜坡上，要用木桩固定，直到所生的根能够把草皮固定住，方可移走木桩。天气过于干燥时，特别是在高温下，铺后应立即浇水，以减少草坪根受到的伤害。

4. 表施土壤

用过筛的土壤或按比例配好的土壤混合物，将草皮块之间和暴露面的裂缝填紧，这样可减缓新铺草皮脱水，保障草皮成活。尽量使用无杂草的土壤，这样可把杂草减少到最低限度，利于后期草坪的维护保养。

5. 草皮镇压

通过镇压，一是使草皮根系同土壤紧密接触，利于草皮的成活，二是可以获得较为平整的草坪坪面。用于镇压的铁辊不可太轻或太重，太轻起不了作用，太重则易损伤草，并引起土壤板结等。

 任务实施

1. 场所、材料及用具

场所：学院草坪实训基地。

材料及材料：每组配备待建、已整好的草坪场地一块（100m² 左右）、草皮卷、五齿耙、铁辊、绳子、皮尺、简易浇灌设备等。

2. 方法及步骤

5~6人为一小组，在教师的指导下进行实训操作。

（1）实训地准备

首先要清理与平整场地，清理掉坪床上的大颗粒土块及石头砖块等，然后用五齿耙将坪床耙平，使坪床表面平整，土壤疏松，土块细碎。

(2)表施土壤材料准备

根据实际的需求量,从坪床采取相应质量的土壤,过筛后,将土壤、沙、有机肥按照1:1:1(或2:1:1)比例制作表施土壤材料。

(3)起草皮、铺植草皮

起草皮前24h内,进行修剪、喷水、镇压,保持土壤湿润。然后用起草皮机起草皮,草皮厚2~4cm(图3-5)。采用密铺法、间铺法或条铺法,将草皮平铺在坪床上。

图3-5 起草皮

(4)覆盖、镇压

草皮间隙表施土壤,然后用铁辊镇压一遍,保证草皮根系与土壤紧密接触。

(5)浇水保湿

草块铺好后立即浇水,一定要浇透,以后每天浇水1~2次,保持土壤湿润至草皮完全成活。浇后第二天或第三天进行滚压或拍实,以使草坪平整,经过两周即可形成草坪。

3. 要求

(1)精细平整坪床。若坪床上的土块大且较硬,不易整理,建议前期适当喷洒些水再整理。

(2)搬运草皮块时要小心操作,以免将草坪拉伸延长甚至撕裂草皮。

(3)铺草块时要求块与块之间至少保留0.5cm的间隙。因草块在搬运途中边缘有可能失水干缩,遇水浸泡后,边缘会膨胀。

(4)草皮铺设时,行与行、列与列之间的草皮块要错开放置,以免草皮块间的缝形成一条直线。

(5)铺植过程中,应搭设木板供人行走,以免在坪床上产生过多的脚印。

(6)草皮铺好后应马上表施土壤及镇压,然后浇水,第一次浇水必须浇透。

(7)为保证草皮成活,须定期浇水。建议前期每天浇水1~2次,保持坪床湿润,至草皮成活,方可减少浇水次数,进入草坪维护阶段。

考核评价

(1)理论考核:完成草皮铺植建坪的实训报告,要求包括建坪的步骤与程序以及注意事项。

（2）实践考核：现场考核铺植建坪各个环节是否完整以及符合实训要求，铺植草皮是否平整，草皮生活力状况及成坪质量。

任务 3.3 种茎撒播建坪

种茎撒播建植也叫茎枝建植、营养建植，实质为改草皮铺植为草茎播植的一种建坪方法。这种方法人工费较少，运输量小，播种简单，繁殖系数高，成坪快，坪用性状好，成本低。适用于根状茎、匍匐茎类草，如狗牙根、天堂草、矮生百慕大、结缕草、假俭草、匍匐剪股颖、野牛草等。不同的草种繁殖倍数不一样，据研究，普通草皮繁殖倍数为1∶3左右，而一些草种如匍匐剪股颖、结缕草的繁殖倍数可达1∶6～1∶9，野牛草繁殖倍数可达1∶15～1∶20。

  工作任务

【任务描述】

了解种茎建植原理，学会辨认不同根系的草，掌握草茎贮存方法，熟练利用撒播法和条播法建植草坪。

使用梳草机在已建成的草坪或者草坪基地上采集20kg草茎作为无性繁殖材料，建植成100m²的草坪。

【任务分析】

详见图3-6。

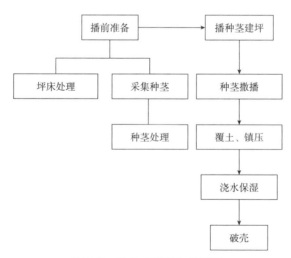

图3-6 种茎建坪任务分析图

项目3 草坪建植

 知识准备

3.3.1 繁殖原理

其原理是多年生草坪草的茎秆、根茎、匍匐茎具有很强的顶端分生组织和居间分生组织。顶端分生组织膨大形成新芽时，贴地面部分的茎节、根状茎、匍匐枝节同时也生出不定根（须根）。须根可直接吸收水分、养分供新芽的生长发育，不断形成新的茎秆、根茎、匍匐枝。而居间分生组织对已形成的茎秆、根茎、匍匐枝的各节重新长出侧芽和匍匐茎或根茎有重要作用。

3.3.2 梳草

经过几年生长的绿地草坪，会出现茎枝密集、浮生，枯草层增厚，草坪质量变差，应通过机械梳草进行养护，梳去的部分草茎、根茎可用于草坪繁殖。

3.3.3 草皮加工

对于切割出来的草皮，人工或者用切碎机切碎去土，将长草茎切成短茎节，一般将草茎切割成 2~5cm 长，每段含 2~3 个节，即可获得大量优质草茎、根茎。

3.3.4 草茎贮存

草茎贮藏与草皮贮藏不同，草皮有土层，有水分、营养，而草茎没有。如草茎不能及时播种，必须采取一些保险措施。如喷洒水，放阴凉处，地膜覆盖，补充 CO_2 抑制草茎呼吸，高温处要适当翻堆降温。

3.3.5 播种方式

草茎播种有撒播和条播两种方式，撒播速度快，条播耐冲刷。平地多用撒播法，坡地多用条播法。撒播法播种，就是将草茎作为无性繁殖材料均匀地撒在潮而不湿的土壤表面，然后在其上覆土，部分覆盖匍匐茎或用圆盘犁轻轻耙过，使匍匐茎部分插入土壤中。通常覆土更为方便。播茎法采用的繁殖器官为草坪的茎，应选择生长良好、生长旺盛、苗龄年轻、健康无病虫害、纯正无杂草的草坪种茎。

3.3.6 播种适期

播种时间取决于当地气候，一般在草坪返青后播种。适宜时间为 3 月下旬~6 月中旬，或 8 月下旬~9 月下旬，春末夏初播种最好。过早则难以发芽，过迟则难以越冬。

任务分解

1. 通过梳草或草皮加工获得种茎

使用梳草机器在种源草坪上梳草,或者将草皮块,采用人工方式将草茎切割分离出来,以获得种茎繁殖材料。注意要将长草茎切成短茎节。

2. 坪床处理

可参考任务2.2中的坪床处理过程。

3. 种茎撒播建坪

采用撒播法撒播种茎,种茎撒播种植后滚压并尽快灌水。通过镇压,减少土壤空隙度,可保持土壤湿度,并使草茎与土壤充分接触。初次浇水后,待土壤表面水分干后,再适当镇压一次。一般第七天,草茎开始生根,生根后继续浇水保湿,并遵循少量多次的原则追施氮肥,加速草茎的生长,加速草坪成坪。

任务实施

1. 场所、材料及用具

场所:学院草坪实训基地。

材料及材料:每组配备待建、已整好的草坪场地一块($10m^2$左右)、草皮卷、剪刀、五齿耙、铁辊、绳子、皮尺、简易浇灌设备等。

2. 方法及步骤

5~6人为一组,在教师的指导下进行实训操作。

(1)实训地准备

①清理与平整场地　首先清理与平整场地,清理坪床上的大颗粒土块及石头、砖块等,然后用五齿耙将坪床耙平,使坪床表面平整,土壤疏松,土块细碎,土壤颗粒粒径在1cm左右。

②准备表施土壤　根据实际需求量,采取相应质量的坪床土壤,过筛后,将土壤、沙、有机肥按照1:1:1(或2:1:1)比例制作表施土壤材料。

(2)梳草茎或草皮加工

采用梳草机获取种源地的种茎,或者采用人工方法切分草皮,以获得大量种茎繁殖材料。

(3)种茎撒播种植

采用撒播法或条播法,将草茎播种于坪床上。

(4)覆盖、镇压

在草茎上覆土,部分覆盖匍茎或用圆盘犁轻轻耙过,使匍茎部分插入土壤中。随后用铁辊镇压,减少根茎同土壤间隙。有条件的话,可以覆盖遮阳网,以免浇水时水流冲击坪床,冲走草茎,且能降低蒸发量,提高保湿能力。

(5)浇水保湿

第一次要浇透水,以后每天浇水1~2次。前期要保持坪床湿润,一般每天浇水1~2次。2周后,可适当减少浇水次数,以促进根系生长,直至成坪。

3. 要求

(1)精细平整坪床。若坪床有较硬的土块,不易整理,则前期适当喷水,再整理。
(2)草茎播种后须马上对坪床进行表施土壤及镇压处理,第一次浇水必须浇透。
(3)草茎撒播要均匀。
(4)为保证种茎成活,须定期浇水以保持坪床湿润。

考核评价

(1)理论考核:完成种茎建植法建坪的实训报告,要求包括建坪的步骤与程序,以及注意的事项。
(2)实践考核:现场考核种茎建坪各个环节是否完整以及符合实训要求,坪床是否平整及成坪质量。

任务 3.4 无土草毯生产技术

传统草坪生产是以土壤作为草坪草生长的基质,而无土草毯是以其他物质材料替代土壤作为草坪生长所需基质。无土草毯具有出苗均匀、成坪质量好、环保、节省土地、草毯起草不伤根系、铺植容易、清洁卫生、病虫害较轻等优点。各种草坪草种子均可做成无土草毯(图3-7)。

图3-7 无土草毯

工作任务

掌握无土草毯生产技术中场地平整、种子处理、基质制备、播种、浇灌、施肥等一系列实践技能,能进行无土草毯的生产工作。

【任务描述】

用种子直播法建植一块100m²的无土草毯。

【任务分析】

详见图3-8。

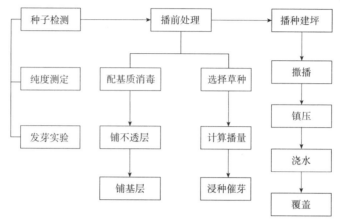

图3-8 无土草毯生产任务分析图

知识准备

3.4.1 无土草毯的构成

详见图3-9。

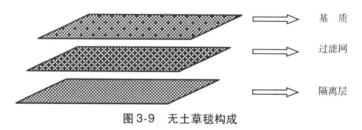

图3-9 无土草毯构成

3.4.2 无土草毯生产技术

（1）整地和选择种子

为便于铺设培养基、播种以及后期田间管理，垄宽一般为6m，整地时要求地面平整，土粒细实，无坷垃，无缝隙，便于铺膜及膜与地面紧密接触。选种主要根据栽培地的土壤、气候等条件和实际用途而定。从实际用途来看，若是观赏草类，要考虑草色翠绿，外形美观，长势齐整，易于修整；若是休闲草类，则注重选用耐践踏、匍匐生长性状好，根茎繁殖能力强，能形成厚实草毯的草类。无论选用哪一类，总体上应选用发芽率高、抗病抗虫性强、耐旱耐瘠性好的草种；对偏酸或偏碱的土壤需相应选用有一定耐酸性或耐碱性的草种；对冬季气温较低的地区则要考虑选用耐低温性能强的草种。根据南方地区的土壤和气候条件,选用高羊茅作为主要的观赏草类,天堂草作为主要的休闲、运动用草,在实际应用中已取得很好的效果。

(2)培养基和种子处理

培养基是供微生物、植物和动物组织生长和维持用的人工配制的养料,一般都含有碳水化合物、含氮物质、无机盐(包括微量元素)以及维生素和水等。无土草毯用的培养基应选择密度较小,有一定保水、保肥能力的基质。生产中常用的基质是稻壳、木屑、秸秆、蘑菇下脚料等农业废弃物。

上垄铺设之前应先对其进行充分发酵,然后掺入适量的氮、磷、钾及微肥,为促进生根、增强抗性,可加入适量的生根剂和杀菌剂。生产中常用的培养基质是砻糠,即稻壳。事先按氮、磷、钾比例为30.5∶7.5∶7.5配制复混肥,在砻糠中掺入适量有机肥后,进行充分发酵。特别推荐科泰园艺高效营养土替代现有培养基,不必发酵处理,在播种前1周掺入复混肥,每100kg培养基掺入8kg复混肥,拌匀,再喷适量的生根剂和杀菌剂,以利种子的生根和消除有害病菌的不利影响。播种前种子应进行灭菌处理,通常可用杀菌剂配成一定浓度的溶液拌种形成种衣进行杀菌。

(3)适时铺设地膜和培养基,均匀播种

无土草坪生长快,周期短,一年可生产3~4茬。主要根据市场形势及避开高温对草坪的不利影响,选择适宜的时间进行生产。铺膜时要平整,紧密接触地面,防止根系下扎,促进根系在培养基内交错生长。膜上铺处理好的培养基,厚度2~3cm,浇透水后均匀播种,播种量可控在25~30kg/m²。播种时一定注意均匀撒播,方可保证所形成的草毯均匀密实,外形美观。早春低温季节,可通过覆膜促进发芽,也可洒草木灰,提升地温,促进发芽。温度过高时,应用遮阳网适当降温。

(4)田间管理

培养基的保水保肥能力较普通土壤与营养土弱,在水肥管理上应把握少量多次的原则。水分的管理上,可采用喷灌系统,视坪面情况定期浇水,若坪面有发白现象,即需上浇水,以含水量达到80%为宜,不可大水漫灌,防止出现因难以下渗而造成淹苗,影响生长。若无喷灌系统,可用保水剂对培养基和种子进行处理,对培养基的处理一般按1∶1的比例进行混合,种子处理采用保水拌种剂,将拌种剂按1∶2~1∶5的比例兑入水中,待吸水成凝胶状后,将种子浸入,取出晾晒,种子能相互搓散后即可播种。有机肥和化肥配合施用,以有机肥为基肥,推荐科泰生物控释肥,播种前撒施于培养基上,化肥则作为追肥,种子出苗长至二叶一心时开始追肥,但需控制用量,满坪前约10d施1次,每次施用量12.5~15kg/亩*,满坪后则视长势而定。复混肥的配比前期以氮、磷为主,后期以氮、钾为主。

(5)起坪及铺坪

出苗后50d左右即可起坪,起坪前5d应追施适量;送嫁肥和少量生根剂。为便于运输,可将草坪裁成1m×1m的草毯,卷成草卷,即可装车运输。这种起坪方式,不伤根,

---

* 1亩=667m²

分量轻，便于运输，利于铺坪及扎根成活。起坪时间要视生产地和栽培地的距离而定，原则上要避免高温时间段进行操作，实际生产中常傍晚起坪，夜间运输，清晨到达栽培地后立即进行铺坪，可很好地防止高温对草毯造成的损伤，有利于草坪的迅速成活生长，尤其是高温季节进行移栽时，效果很明显。铺坪时要求事先将栽培地整平，将草毯平铺其上，保证根部与地面紧密接触，最好能将其压实，随即浇一次透水，促进生根。后根据天气适当浇水，一般7d左右可成活。

无土草坪生长快，成坪快，便于运输，便于铺设，草坪密实，长势齐整，坪形美观，尤其适合城市绿化、美化环境，布置高档住宅小区，以及构建休闲、运动场地的需要。随着城市建设的不断发展，无土草坪的生产必有更广阔的市场前景。

任务分解

1. 种子品质鉴定

同"播种建植法"。

2. 播种前种子处理

同"播种建植法"。

3. 制作培养基

首先在基质中(可根据情况加入一种或多种原材料，如稻壳、木屑、秸秆、蘑菇下脚料等，原材料要提前磨碎)加入适量有机肥(羊粪)，充分发酵(冬天发酵30d，夏天10～15d)，播种前1周加入混合肥料(按氮、磷、钾比例为30.5∶7.5∶7.5配制，100kg培养基加入8kg混合肥料)，拌匀，再喷适量的生根剂和杀菌剂，以利于种子的生根和有害病菌的消除。

4. 制作无土坪床

①平整土地；
②覆盖地膜；
③铺过滤网；
④铺培养基。

任务实施

1. 场所、材料及用具

场所：学院草坪实训基地。

材料及材料：每组配备已整好的平地一块(100m² 左右)、黑麦草或高羊茅草籽、五齿耙、铁辊、绳子、皮尺、简易浇灌设备等。

2. 方法及步骤

5～6人为一小组，在教师的指导下进行实训操作。

(1) 实训地准备

①平整场地　首先要平整场地，清理掉场地上的大颗粒土块及石头砖块等，然后用五齿耙将坪床耙平，用铁辊镇压。要求地面平整，土粒细实，以便于铺膜，避免地面虚空影响铺设质量。

②铺地膜　铺膜时要平整，紧密接触地面，防止根系下扎，促进根系在培养基内交错生长。

③铺过滤层(种植网)　在地膜上平铺一层种植网，利于草毯根系结网，起到连接固定草坪草的作用。种植网可用化纤无纺布、遮阳网等。网孔大小适中，根系能在网上缠绕，且能在一年内分解的即可。

④铺培养基　根据坪地面积，提前计算好培养基各配比成分的需求量，配制培养基。在铺好的膜上铺上处理好的培养基，厚度3cm左右。

(2) 称量草种

称量3～4kg黑麦草或者高羊茅草种，并平均分成质量相等的10份，每份300～400g，每个分区分配一份。播种前种子进行灭菌处理。

(3) 撒播草种

将每个分区上的草种均匀撒播到该分区内，先沿一个方向均匀撒播一半种子，再沿与第一次播种方向相垂直的方向撒播另外一半种子。

(4) 覆盖、镇压

早春低温季节，可覆膜或无纺布，以促进发芽，也可洒草木灰，提升地温，促进发芽。温度过高时，应用遮阳网降温。

(5) 浇水保湿

培养基的保水保费能力较弱，施肥、浇水应注意少量、多次原则。一般是晴天3～5次/d，阴天1次/d，每次10～20min。具体操作要根据实际情况定，只要草坪开始发白，就立即浇水，保持培养基含水量80%为宜。喷水均匀，喷力微小，不要大水漫灌，以免造成淹苗。

(6) 保水剂处理

若无喷灌系统，可用保水剂对培养基和种子进行处理，对培养基的处理一般按1:1的比例混合，种子处理采用保水拌种剂，将拌种剂按1:2～1:5的比例兑入水中，待吸水成凝胶状后，将种子浸入，然后取出晾晒，种子能相互搓散后即可播种。

3. 要求

(1) 准确测定草坪草种子的纯度，通过发芽实验检测种子的发芽率，根据标准播种量的定义计算出草种每平方米的标准播种量，并确定实际播种量。

(2) 根据计算出的实际播种量以及建坪地的面积，计算出实际用种量，利用天平准确称量所需草种的量。

(3) 按照杀菌剂的浓度要求，进行24h浸种消毒，并晾干明水。

(4) 精细平整场地。

(5) 播种时采用分区播种，保证均匀播种。

(6)配制培养基时应提前计算好各成分需求量,并掌握好培养基发酵所需温、湿度。

(7)播种后对坪床进行轻耙,并进行适当镇压。

考核评价

(1)理论考核:完成无土草毯建坪的实训报告,要求包括建坪的步骤与程序,以及注意的事项。

(2)实践考核:现场考核无土草毯建植各环节是否完整以及是否符合实训要求,播种是否均匀(出苗后的均匀度),并考核草坪的成坪速度以及成坪质量。

项目 4 草坪养护

学习目标

【知识目标】

(1) 了解水分平衡的要点，影响灌溉的因素、草坪水分缺失及水分过量的症状，以及最佳灌溉时间、灌溉量、灌溉频率确定的依据。
(2) 了解草坪营养元素的种类、功能，草坪肥料的分类、特点及施用注意事项。
(3) 了解草坪修剪的作用、修剪的三分之一原则、草坪的正确修剪方法。
(4) 了解草坪病害的概念，草坪病害的类型、病征与病状以及草坪常见真菌病害的发病规律及防治方法。
(5) 了解草坪虫害的类型、不同虫害的为害特点、虫害的综合防治方法。
(6) 了解草坪杂草的概念、草坪杂草的为害机理、杂草种类以及常见杂草的综合防除方法。

【技能要求】

能进行草坪的灌溉、施肥、修剪、病虫杂草防治，以及草坪的打孔与穿刺、草坪梳草、草坪铺沙、草坪补植复壮。

任务 4.1 水分管理

水分是保证草坪草正常生长以及保持草坪质量良好的关键，因此，水分管理是草坪养护的重要任务。

水分管理主要包括排水与灌溉两个方面，而排水系统在草坪建植前已经规划设计好，在整个草坪生长过程中会自动起到排除多余水分的作用，因此，在草坪管理中，灌溉是草坪水分管理的主要方面。

工作任务

【任务描述】

学习草坪水分需求、草坪排水、草坪灌溉、草坪草水分平衡等理论知识,掌握草坪草缺水诊断、灌溉时机选择、灌溉量确定等技能。对一块草坪进行灌溉。

【任务分析】

草坪灌溉任务包括:①缺水诊断,即对草坪草的水分需求状态进行正确诊断;②确定灌溉时间与灌溉方式;③灌溉操作;④检查是否充分灌溉,灌溉量是否合适(图4-1)。

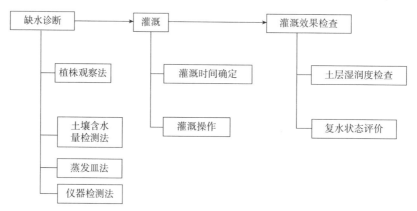

图4-1 草坪灌溉任务分析图

 知识准备

灌溉是草坪需水的一个重要来源,当降水不能满足草坪草生长需要时,应该进行灌溉。"没有水,草不能生长,没有灌溉,就不可能获得优质草坪",可见水分的及时供给对草坪的重要性。科学的灌溉有利于草坪草的良好生长与发育,可提高草坪的质量。

4.1.1 影响灌溉的因素

草坪草失去光泽、叶尖卷曲,表示草坪水分不足,若不及时灌水,草坪草就会变黄,在极端情况下还会因缺水而死亡。草坪是否需要灌溉主要取决于草种和品种、土壤类型、养护管理水平、灌溉次数和灌溉量以及天气条件。

4.1.2 草坪缺水诊断

草坪何时需要灌水,这在生产中是一个复杂但又必须解决的问题,可以用多种方法对草坪是否存在缺水现象进行诊断。

(1) 植株观察法

当草坪草缺水时，首先是出现膨压改变征兆，草坪草表现出不同程度的萎蔫，变为青绿色或灰绿色，进而失去光泽，此时需要灌水。

(2) 土壤含水量检测法

确定草坪草是否需浇水的另一个方法是检查土壤。用小刀或土钻分层取土，当土壤干至10～15cm深时，草坪就需要浇水。干旱的土壤呈浅白色，而大多数的土壤正常含水时呈暗黑色。

(3) 蒸发皿法

在光照充足的地区，可安置水分蒸发皿来粗略判断土壤蒸发失水量。除大风地区外，蒸发皿的失水量大体等于草坪因蒸发的耗水量，通常蒸发皿失水量与草坪出现的膨压变化征兆密切相关。蒸发皿中的水减少75%～85%，相当草坪中的水分也失去了75%～85%。

(4) 仪器测定法

土壤含水量最简单直观的测试方法是应用土壤含水量测定仪。国外常用的是时域反射仪(Time Damain Reflectometry, TDR)法，将探针插入土壤中，探针上的电流脉冲的速度取决于土壤中水分的含量，水分含量大，电流脉冲速度快。土壤水分含量可在仪器中直接读出。

4.1.3 灌溉时间确定

灌溉可以在一天中任意时间进行，然而，理想的灌溉时间应该是水分利用率高，并能尽可能降低草坪草感病的风险。

最好的时间是在无风或微风、温度和湿度较低的时候进行，因为这时可以减少由于蒸发所损失的水分。

在夜间或清晨给草坪灌溉，水分损失最少。但若是夜间灌溉会使草坪草的叶片带水过夜，湿度高，高温高湿的环境会大大增加草坪草患真菌病害的风险。

在夏季炎热的中午灌溉，一是蒸发量大，水分利用率低；二是此时灌溉容易把草坪叶片烫伤。但是在高尔夫果岭上，夏季高温时应该不断通过雾化灌溉给果岭草坪降温。

4.1.4 灌溉频率确定

灌溉频率也就是灌溉的次数，它主要是由天气情况与草坪本身耐旱能力决定的。灌溉过于频繁，草坪的发病率会增大，抗践踏的性能会降低，生长不健壮，容易受到环境胁迫的危害；灌溉次数太少，会使草坪因缺水而限制正常的生长，影响草坪的质量。

4.1.5 灌溉量确定

草坪每次灌溉量首先取决于每两次灌水期间草坪的耗水量，受草种和品种、生长状态、土壤类型、养护水平、降水量以及天气条件等多个因子的影响，通常是在草坪草生长季的干旱期,为了保持草坪草的鲜绿,大概每周需补水3~4cm。在炎热而严重干旱的条件下,旺盛生长的草坪每周需补充6cm或更多的水。

草坪灌溉中需水量的大小,在很大程度上取决于支持草坪的土壤的性质。砂土每次不能大量灌溉,应该每次控制少量灌溉,但是增加灌溉次数;黏土则应该每次浇透,干透再浇。

为了保证草坪的需水要求,土壤湿润层中含水量应维持在一个适宜的范围内,通常把床土田间饱和持水量作为这个适宜范围的上限,它的下限应大于凋萎系数,一般约等于田间饱和持水量的60%。

  任务分解

水分管理任务分为3个具体子任务,一是观察草坪草植株或者草坪土壤,诊断水分状态;二是确定灌溉的具体时间;三是对草坪进行灌溉操作。

1. 缺水诊断

现场观察草坪草的植株色泽、萎蔫情况,并观测土壤湿度情况,诊断草坪草是否缺水。

2. 确定灌溉时间

根据缺水诊断结果,结合实际天气与草坪生长发育情况,确定灌溉的时间。

3. 灌溉草坪

操作灌溉系统,对草坪进行灌溉;灌溉后,现场调查有无漏灌区域,如果有漏灌区域,应进行补充灌溉;灌溉结束,关闭灌溉系统,评估灌溉量与灌溉效果。

  任务实施

1. 场所、材料及用具

场所:学院草坪实训基地。

材料及用具:每组配备草坪1块、取土器1个、浇水泵1台、水管、喷灌系统1套。

2. 方法及步骤

以小组为单位,在教师的指导下进行实训操作。

(1)现场诊断草坪的水分状况

目测草坪草植株的叶色、叶形以及整体植株情况,当发现草坪草叶片颜色黯淡无光泽,叶尖轻微卷曲,叶片轻微萎蔫,或者通过取土器钻取土样,观察10cm深土壤的颜色发白时,草坪处于缺水状态。

(2)确定灌溉时间

一般情况下,在9:00前灌溉草坪,如果晚上灌溉草坪,最好对草坪补施百菌清或者多菌灵等杀菌剂。

(3)灌溉草坪

打开喷灌系统的动力,打开阀门,通过喷灌系统灌溉草坪;或者用水泵抽水浇灌草坪,浇灌要均匀,不能漏浇。

(4)检查灌溉量

灌溉进行到一定时间后,检查草坪坪床土壤 10~15cm 深度是否湿润。若处于湿润状态,切断电源、关闭阀门;如采用浇灌方式,则收拾好工具,结束操作。

3. 要求

(1)缺水诊断要准确,草坪濒临干旱才浇水,不干旱不浇水;

(2)灌溉要均匀,不能出现漏浇;

(3)灌溉强度必须小于土壤的渗透度,不能造成草坪表面淌水现象,黏土坪床的草坪灌溉强度要小,灌溉时间要长,要浇透,砂土坪床的草坪,每次浇水要少浇,浇水次数要多。

 考核评价

(1)理论考核:完成实训报告,根据实训报告的完成质量进行考核评分。

(2)实践考核:正确判断草坪草的植株以及根系土壤是否缺水,浇灌中有无漏灌或者灌溉不均匀现象。

任务
养分管理

草坪的养分管理就是通过施肥控制草坪的营养状况,维持草坪养分平衡,保证草坪的正常生长发育以及提高草坪的质量。草坪养分管理是草坪进行养护管理的重要手段之一。

 工作任务

【任务描述】

学习草坪营养元素的种类及功能,了解草坪肥料的种类;掌握草坪合理施肥的相关理论知识,以及施肥的方法与技能。对校园观赏草坪进行粒肥追施。

【任务分析】

详见图 4-2。

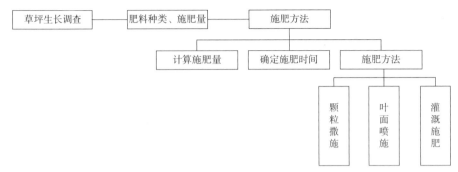

图4-2 养分管理任务分析图

知识准备

4.2.1 肥料种类

草坪草需要足量的氮、磷、钾和钙、镁、硫、铁等元素。这些营养元素对草坪草生长和草坪维持都有不可替代的作用，缺少其中任何一种，都会使植物的生长发育受到不同程度的影响，并在形态上表现出相应的症状（缺素症）。

(1) 氮肥

氮肥是草坪管理中应用最多的肥料。氮肥施用量常根据草坪色泽、密度和草屑的积累量而定。色泽褪绿转黄且生长稀疏、长满杂草的草坪以及生长缓慢、草屑量很少的草坪需要补氮。一般说来，每个生长季冷地型草坪草的需氮量为 20~30g/m²，改良的草地早熟禾品种与坪用型多年生黑麦草需氮量较此值稍高，而高羊茅和细羊茅略低些。暖地型草坪草较冷地型草坪草的需氮范围宽。改良狗牙根需氮量最高，通常为 20~40g/m²，假俭草、地毯草平均需要 10~20g/m²，结缕草和钝叶草居中。施肥时如选用的是速效氮肥，一般每次用量以不超过 5g/m² 纯氮量为宜，并且施肥后立即灌溉。但如果选用缓效氮肥，一次用量则可高达 15g/m² 纯氮量。草坪使用强度也会影响施氮量，对于低养护管理要求的草坪每年施肥量要低得多。

(2) 磷、钾肥

在草坪施肥中，磷肥和钾肥的施用量常根据土壤测试来确定。磷肥的施用对于众多成熟草坪来说，每年施入 5g/m²，即可满足需要。但是对于即将建植草坪的土壤来说，可根据土壤测试结果适当提高磷肥用量，以满足草坪草苗期根系生长发育的需要，以利于快速成坪。在一般情况下，推荐施肥中 N、K_2O 之比为 2∶1，除非测试结果表明土壤富钾。为了增强草坪草抗性，有时甚至采用 1∶1 的比例。春季（3、4月）施用含氮高、含磷高、含钾中等的复合肥，可采用 2∶2∶1 的比例，施用量为 3g/m² 纯氮，施后灌溉，但灌溉量要小。7、8月应减少施肥量。如需要，可施用含氮低、含磷低、含钾中等的复合肥，可采用 1∶1∶2 的比例，纯氮施用量为每月小于 0.5g/m²，施后灌溉。秋季是一年中施肥量最多的季节，施肥促进草坪恢复，施用量可为4月的2倍。晚秋施肥可延长草坪绿期及提早返青。

(3) 微量元素肥料

微量元素肥料在草坪草组织测试未发现缺乏微量元素时很少施用(除铁外,但碱性、沙性或有机质含量高的土壤易发生缺铁现象)。草坪缺铁可以喷施3% $FeSO_4$ 溶液,每1~2周喷施一次。如滥用微量元素肥料即使用量不大也会引起毒害,因为施用过多会影响其他营养元素的吸收和活性。通常,防止微量元素缺乏的较好方式是保持适宜的土壤pH范围,合理掌握石灰、磷酸盐的施用量等。

其实,草坪草的必需营养元素以多种形式存在于肥料中。肥料的品种不同,其养分种类与含量、理化性状、适用对象及施用方法、施用量也不一致。如果施用不当,不仅造成浪费,而且可能引起肥害和土壤的劣变。因此,施用时应根据需要加以选择。

4.2.2　影响施肥的因素

草坪的施肥没有统一的模式,受很多因素影响,必须根据各种因素的变化不断调整施肥方案。其中影响最大的主要是以下几方面:

(1) 养分的供求状况

养分的供求状况主要是指草坪草对养分的需求和土壤可供给养分的状况,这是判断草坪草是否需要肥料和施用何种肥料的基础。养分的供求状况可以从植株诊断、组织测试、土壤测试三方面来判断,常将这3项或其中的两项结合起来应用。

植株诊断在氮肥的应用上是非常重要的技术,但是在应用中还必须了解,有些特征并非由于养分缺乏所致,必须排除某些相关因素,如病虫害、土壤紧实或积水、盐害、温度、水分胁迫等,只有将这些因素排除之后,才可根据植株的表现症状来进行判断。

组织测试的优点在于可以直接测到草坪草实际吸收与转化的养分数量,尤其是衡量草坪草微量元素的营养状况时采用更多。

草坪草营养元素正常含量范围的土壤测试,在确定肥料的某些养分构成、元素间的适宜比例和肥料施用量时常起到决定作用。磷、钾肥的施用主要取决于土壤中的有效水平。

(2) 草坪对养分的需要特性

各个草种对养分的需求存在一定的差异,施肥时必须考虑这个因素。如紫羊茅对氮需求量较低,高氮时密度和质量下降;结缕草在高肥力下表现更好,也能够耐低肥力;狗牙根尤其是一些改良品种,对氮需求量较高;假俭草、地毯草等生长量较低,肥力要求较低。

(3) 具体的环境条件

当环境条件适宜草坪草快速生长时,要有充足的养分供应满足其生长需要。充足的氮、磷、钾供应对植株的抗旱、抗寒、抗胁迫十分必要,但在胁迫到来之前或胁迫期间,要控制肥料的施用或谨慎施用;当环境胁迫除去之后,应该保证一定的养分供应,以利于伤害后的草坪迅速恢复。如夏季高温来临前,冷地型草坪的氮肥施用要相当小心,夏季氮肥用量过高常伴随严重的草坪病害发生。

(4) 草坪用途及维护强度

草坪的用途及维护强度决定了肥料的施用量和施用次数。高尔夫球场的果岭和发球台,是草坪质量要求最高的区域,其维护强度也最高,要求施入的肥料全面、薄肥勤施。

还有其他一些运动场草坪，由于使用强度大，应注意施肥，促进草坪草恢复。对于防护类型的草坪，其质量要求低，每年只需要施一次肥或基本不需施肥。

（5）土壤的物理特性

土壤的质地和结构直接影响肥料的施用和养分的保持。如颗粒粗的砂质土壤持肥能力差、易通过渗漏淋失。施肥时应该采用少量多次的方式或施用缓释肥料，以提高肥料的利用效率。

（6）草坪养护管理措施

草坪的养护管理措施包括草屑是否移出草坪、草坪灌溉量的大小，这些都对施肥有影响。有报道表明：高频修剪下来的草屑，如果移出草地，会使草坪养分的30%流失。其他相关的因素还有肥料对草坪叶片灼烧力的大小、残效期的长短、颗粒特性是否易于撒施等。

4.2.3 草坪施肥

一个理想的施肥计划能使整片草坪在整个生长季节里充分发挥其利用价值和观赏价值。虽然在实施过程中会受到自然条件的控制，但是人们可以通过合理的施肥数量和次数、施肥时间及正确的施肥方法等关键技术，使施肥计划趋于理想化。

4.2.3.1 计算施肥用量

在所有肥料中，氮是首先要考虑的营养元素。草坪氮肥用量不宜过大，否则会引起草坪草徒长，增加修剪次数，并使草坪抵抗环境胁迫的能力降低。一般高养护水平的草坪年施氮量为每亩30~50kg，低养护水平的草坪年施氮量为每亩4kg左右。草坪草的正常生长发育需要多种营养成分的均衡供给，磷、钾或其他营养元素不能代替氮。一般养护水平的草坪磷肥施放量为每亩3~9kg，高养护水平草坪为每亩6~12kg，新建草坪每亩可施3~15kg。对于禾本科草坪草而言，一般氮、磷、钾比例宜为4:3:2。

4.2.3.2 确定施肥时间

合理的施肥时间与许多因素相关联，如草坪草生长的具体环境条件、草种类型以及建坪目的等。

施肥的最佳时期应该是温度和湿度最适宜草坪草生长的季节。不过，具体施肥时期，随草种和管理水平不同而有差异。全年追肥一次的，暖地型草坪草以春末开始返青时施肥为好，冷季型草坪草以夏末为宜。追肥两次的，暖地型草坪草分别在春末和仲夏施用，以春末为主，第一次施肥可选用速效肥，但夏末秋初施肥要小心，以防止寒冷来临时草坪草受到冻害；冷季型草坪草分别在仲春和夏末施用，以夏末为主，仲夏应少施肥或干脆不施，晚春施用速效肥应十分小心，这时速效肥虽能促进草坪草快速生长，但有时会导致草坪草抗性下降而不利于越夏。对管理水平高、需多次追肥的草坪，除春末（暖地型草坪）或夏末（冷地型草坪）的常规施肥以外，其余各次的追肥时间，应根据情况确定。

4.2.3.3 施肥方法

（1）颗粒撒施

草坪的施肥方法可分为基肥、种肥和追肥。基肥以有机肥为主，结合耕翻进行；种肥一般用质量高、无烧伤作用的肥料,要少而精;追肥主要为速效的无机肥料,要少施和勤施。

肥料施用大致有人工施肥(撒施、穴施和茎叶喷洒)、机械施肥和灌溉施肥3种方式。不论采用何种施肥方式,肥料的均匀分布是施肥作业的基本要求。人工撒施是广泛使用的方法;液肥应采用喷施法施用;大面积草坪施肥,可采用专用施肥机具施用。

一些有机或无机的复混肥是常见的颗粒肥,可以用下落式或旋转式施肥机具进行撒施。在使用下落式施肥机时,料斗中的肥料颗粒可以通过基部一列小孔下落到草坪上,孔的大小可根据施用量的大小来调整。对于颗粒大小不均的肥料应用此机具较为理想,并能很好地控制用量。但由于机具的施肥宽度受限,因而工作效率较低。旋转式施肥机的操作是随着人员行走,肥料下落到料斗下面的小盘上,通过离心力将肥料撒到半圆范围内。在控制好往复的范围时,此方式可以得到满意的效果,尤其对于大面积草坪,工作效率较高。但当施用颗粒不均的肥料时,较重和较轻的颗粒被甩出的距离远近不一,将会影响施肥效果。

(2)叶面喷施

将可溶性好的一些肥料制成浓度较低的肥料溶液或将肥料与农药一起混施时,可采用叶面喷施的方法。这样既可节省肥料,又可提高效率。但溶解性差的肥料或缓释肥料则不宜采用。

(3)灌溉施肥

灌溉施肥指经过灌溉系统将肥料与用水同时经过喷头喷施到草坪上。

4.2.3.4 施肥技术要点

(1)各种肥料平衡施用

为了确保草坪草所需养分的平衡供应,不论是冷地型草坪,还是暖地型草坪,在生长季节内要施1~2次复合肥。

(2)多使用缓效肥料

草坪施肥最好采用缓效肥料,如施用腐熟的有机肥或复合肥。

(3)在草坪草生长盛期适时施肥

冷地型草坪应避免在盛夏施肥,暖地型草坪宜在温暖的春、夏季生长旺盛期适时供肥。

(4)调节土壤pH值

大多数草坪土壤的酸碱度应保持在pH6.5~7.0的范围内。一般每3~5年测一次土壤pH值,当pH值明显低于所需水平时,需在春季、秋末或冬季施石灰等进行调整。

 任务分解

1. 施肥量计算

肥料的生产和销售通常是由国家按有关政策统一管理。肥料的成分一般都印在包装袋上,并按氮(N)、磷(P)、钾(K)的最低含量依次列出。如10-10-10表示该袋肥料含10%

的 N、10% 的 P_2O_5、10% 的 K_2O，有时也表示含 10% 的 N、10% 的 P、10% 的 K，但通常会特别标出。计算时，按 P_2O_5 含 44% 的 P，K_2O 含 83% 的 K 来换算。有时，肥料的表示上也有第四个数字，表示铁(Fe)或镁(Mg)或硫(S)。如 10-10-10-4S，表示该肥料还含有 4% 的硫。

对草坪进行施肥时，需经过土壤成分分析，推算出各种有效成分的施用量后，根据现有的肥料种类计算所需要的施肥量。

2. 施肥时间确定

暖地型草返青肥在春末施用，冬前肥在中秋进行，一般追肥在夏季生长旺季施用，根据生长情况与草坪的营养情况确定具体时间，在缺肥前就要进行施肥。冷地型草一般在春季、秋季生长旺季进行施肥，在春末夏初提前施用越夏肥，在中秋与深秋之间施用越冬肥。

3. 施肥方法

根据计算好的各肥料需用量，用天平准确称取各肥料，每种肥料均分成两份，待用。

(1) 南北方向往复施肥：首先，将称好的肥料取一半，用施肥机按南北方向往复均匀地施入草坪，或用手均匀地施入草坪。

(2) 东西方向往复施肥：将另一半肥料，按东西方向来回均匀地施入草坪。

(3) 浇水：所有肥料施用完毕后，适量浇水，避免肥料停留在叶片上灼烧草坪叶片。

任务实施

1. 场所、材料及用具

场所：学院草坪实训基地。

材料及用具：每组配备草坪场地一块(100 m^2 左右)；根据草坪的生长发育状况，选择和准备适宜的氮、磷、钾肥料种类及数量；称取肥料器具；盆、桶或者是施肥机械。

2. 方法及步骤

5~6 人为一小组，在教师的指导下进行实训操作。

(1) 实训地准备

提前 1 周，学生分组，教师下发实训任务单；学生通过熟悉教材、查阅相关资料、现场调查，撰写现场环境分析报告，并经小组讨论、教师指导制订草坪施肥方案。

(2) 现场实训

①各组按照预定方案中确定的肥料种类、施用量和比例称取肥料。
②按要求将肥料搅拌均匀，均匀撒施在坪面上。
③结合施肥进行灌水，施肥完成后马上进行灌水。

3. 要求

(1) 准确评估实训地块草坪的生长发育状况，评估其缺肥水平；
(2) 所选肥料种类适宜，施肥比例合理；
(3) 准确地按草坪施肥面积计算需肥量及各种肥料所需用量及其比例；

（4）能够分区施肥，肥料均匀分布；
（5）施肥后能及时灌水，确保肥效的最大利用；
（6）记录工作过程，整理形成报告。

考核评价

（1）理论考核：完成草坪施肥的实训报告，要求包括草坪施肥的步骤与程序，以及注意的事项。
（2）实践考核：现场考核草坪施肥各个环节是否完整以及符合实训要求，施肥种类是否合适，施肥是否均匀，并考核草坪施肥后的效果表现。

任务 4.3 草坪修剪

草坪修剪，又称剪草、轧草或刈割，是在特定的范围内控制草坪草顶端生长，促进分枝，维持适于观赏、游憩和运动的草坪表面的技术手段，是草坪进行养护管理的重要手段之一。

工作任务

【任务目标】
学习草坪草修剪的原理、作用以及正确修剪的注意事项等相关理论知识；掌握旋刀式修剪机的构造、操作方法。

【任务描述】
利用旋刀式修剪机对一块不少于300m²的草坪进行修剪。

【任务分析】
详见图4-3。

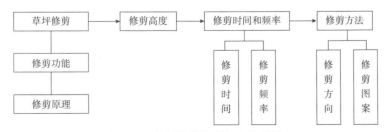

图4-3 草坪修剪技术任务分析图

知识准备

4.3.1 修剪功能

通常情况下，草坪应定期修剪。修剪的主要作用如下：

（1）在草坪草能忍受的修剪范围内，修剪会使叶片的宽度变窄，改善草坪的质地，使草坪更加美观。草坪修剪得越短，草坪越显得均一、平整和美观，以适应人们游览活动的需要，提高草坪的坪用价值和经济价值。

（2）修剪可以保持草坪草在一定高度下生长，促进草坪草新陈代谢和根基分蘖，利于匍匐茎的伸长，增加草坪密度和平整度，色调鲜绿，植株健壮。

（3）修剪可以改善草坪通气性，减少病害和虫害发生。

（4）因为双子叶杂草生长点位于植株顶部，单子叶杂草生长点位于植株基部，通过周期性修剪，可以抑制双子叶杂草生长，降低单子叶杂草竞争力，防止杂草种子的形成，减少杂草的种源。

（5）多次修剪，根基分蘖加强，草坪弹性增强，使草坪的运动性加强，同时又增强了草坪的耐磨性能。

（6）入冬前合理修剪草坪，可以延长暖地型草坪的绿色期，增强冷地型草坪的越夏能力。

4.3.2 修剪的原理

修剪会去掉部分叶组织，对草坪草从生理上说是一种伤害，但因为草坪草有很强的再生能力而很快得到恢复。如高羊茅草坪足球场在旺盛生长季节里，草高5cm，修剪到3cm，经过2d的生长就可以恢复。草坪草可修剪的原理为：①剪去上部叶片的老叶可继续生长；②未被伤害的幼叶尚能长大；③基部的分蘖节可产生新的枝条；④由于根与留茬具有贮藏营养物质的功能，能保障再生对养分的需要，所以草坪是可以频繁修剪的。

任何事物都有两面性，同样，修剪也存在不利的影响。对草坪草而言，修剪毕竟是被强加的外力伤害。修剪改变了草坪草的生长习性，由于分蘖增多，使地上部分密度大大增加，却减少了根和茎的生长。因为产生新茎叶组织需要营养，这就减少了供给根和根状茎生长的养分。同时，植物贮存营养的减少，也会对草坪生长产生不利影响。

4.3.3 修剪高度

修剪高度是指草坪修剪后留在地面上的草坪草茎叶的高度，又叫留茬高度，不同草种、不同生长发育阶段以及不同功能的草坪其修剪高度不同。修剪时要遵循三分之一原则，即每次修剪掉的草坪枝叶的长度，不超过草坪修剪前株高的1/3。如修剪前株高为6cm的草坪，修剪掉的部分不能超过2cm，修剪后，草坪草株高不应低于4cm。

4.3.3.1 影响修剪高度的因素

修剪高度常受草坪草种及其品种、草坪质量要求、环境条件、发育阶段、草坪利用强度等因素的影响。

(1) 草坪草种类及其品种

一般的草坪草种及其品种根据其生长特性,都有适宜的耐修剪高度范围(表4-1)。

表4-1 常见草坪草的参考修剪高度(郑长艳,2009)

暖地型草坪草	修剪高度(cm)	冷地型草坪草	修剪高度(cm)
普通狗牙根	2.1~3.8	匍匐剪股颖	0.5~1.3
杂交狗牙根	0.6~2.5	细弱剪股颖	0.8~2.0
地毯草	2.5~5.0	绒毛剪股颖	0.5~2.0
假俭草	2.5~5.0	普通早熟禾	3.8~5.5
中华结缕草	1.3~5.0	草地早熟禾	3.8~5.7
沟叶结缕草	1.3~3.5	多年生黑麦草	3.8~5.1
细叶结缕草	1.3~5.0	一年生黑麦草	3.8~5.1
野牛草	2.5~7.5	苇状羊茅	4.4~7.6
雀稗	5.0~7.5	细叶羊茅	3.8~6.4
钝叶草	3.8~7.6	硬羊茅	2.5~6.4
		紫羊茅	3.5~6.5

耐修剪高度范围是草坪草能忍耐的最低和最高修剪高度之间的范围。高于耐修剪高度范围,草坪草变得稀疏、蓬松、柔软、匍匐,草坪质量不良。低于耐修剪高度范围,草坪草发生茎叶剥离或草去过多的绿色茎叶,老茎裸露。也就是说,高修剪的草坪,根系深,草坪密度低;低修剪的草坪,草坪草根系浅,但草坪密度高。

(2) 草坪的质量要求

草坪的使用要求是影响修剪高度的最重要因素。运动场草坪常常将修剪高度控制到需要的高度才能进行活动,而普通绿地草坪没有必要修剪到运动场草坪的高度,护坡和水土保持草坪甚至可以不修剪。

(3) 环境条件

环境条件是决定草坪修剪高度的重要因子。潮湿多雨季节或地下水位较高的地方,留茬宜高,以便加强蒸腾耗水;干旱少雨季节应低修剪,以节约用水和提高植物的抗旱性。当草坪草在某一时期处于逆境时,应提高修剪高度,以利于提高草坪抗性,渡过逆境。例如,早春或晚秋的低温阶段,提高暖地型草坪的修剪高度,可以增强其抗寒性;当病虫害、践踏及其他原因造成草坪受到伤害时,可延缓修剪或提高留茬;局部遮阴的草坪生长较弱,提高修剪高度有利于复壮生长。

(4) 发育阶段

草坪草的发育阶段是确定修剪高度的重要因子之一。在休眠期和生长期开始之前,可剪得很低，并及时清除修剪物，对草坪进行全面清理，以减少土表遮阴，提高土壤温度，减少病虫害等寄生物宿存侵染的机会，促进草坪快速返青和健康生长。

(5) 利用强度

利用强度也是影响草坪修剪高度的要素之一。首先，应考虑草坪能承受的创伤破坏力；其次，考虑草坪高频率利用时的美观和使用要求。像足球场、橄榄球场等受强烈践踏的运动场草坪，修剪高度可适当提高。对于高尔夫球场、保龄球场等轻型运动草坪而言，为保证运动成绩，必须严格控制修剪高度，以形成光滑的坪面。

4.3.3.2 修剪高度的确定

在实际生产中，草坪修剪应综合各种影响因素，确定标准高度，应严格遵循三分之一原则进行修剪。所谓的三分之一原则，即任何一次修剪，剪掉的部分一定不能超过草坪草自然高度的1/3。如果剪掉部分超过茎叶自然高度的1/3，则地上茎叶生长与地下根系生长不平衡，影响草坪草的正常生长(图4-4)。

图4-4　草坪修剪三分之一原则示意图(赵美琦，2001)

如果草长得过高，不应一次将草剪到要求的标准高度，而应经过少量多次修剪，逐渐达到需要的高度。例如，某草坪实际高度为9cm，标准高度为3cm，第一次留茬高度应不小于6cm，经几次修剪后达到4～5cm，几周后，修剪至3cm，这样虽然费工费时，但对草坪的生长十分有利。

4.3.4 修剪时间和频率

(1) 修剪时间

一般来说，为了维持良好的草坪质量，在草坪草的整个生长季节都需要修剪。对于冷地型草坪而言，修剪主要集中在生长旺盛的春(4～6月)、秋(8～10月)两季；而暖地型草坪则主要在夏季(6～9月)修剪。新建植的草坪初次修剪在草高达到计划留茬高度的1.5倍时进行，如留茬高度为6cm，当草坪长到9cm时就应该修剪。

(2) 修剪频率

草坪修剪的频率是指一定时期内草坪修剪的次数。草坪修剪频率取决于草坪草的种类、生长速度、草坪的用途、质量、养护水平等因素。

表4-2 草坪修剪的频率及次数(郑长艳,2009)

利用场所	草坪草种类	修剪频率(次/月)			年修剪(次)
		4~6月	7~8月	9~11月	
庭院	细叶结缕草	1	2~3	1	5~6
	剪股颖	2~3	8~9	2~3	15~20
公园	细叶结缕草	1	2~3	1	10~15
	剪股颖	2~3	8~9	2~3	20~30
竞技场、校园	细叶结缕草、狗牙根	2~3	8~9	2~3	20~30
高尔夫球场发球区	细叶结缕草	1	16~18	13	20~30
					30~35
高尔夫球场果岭区	细叶结缕草	38	34~43	38	110~120
	剪股颖	51~64	25	51~64	120~150

①不同种类的草坪草修剪的频率不同,如多年生黑麦草、高羊茅等生长量较大,修剪频率高;一些生长较缓慢的草种如假俭草、细羊茅等则需要较低的修剪频率(表4-2)。

②修剪的频率主要取决于草坪草的生长速度,尽可能按三分之一原则进行修剪。草坪草的生长速度又取决于环境条件、养护水平和草坪草的品种。养护者必须掌握草坪草生长变化规律,灵活掌握。如暖地型草坪草的日本结缕草在气温25~30℃时生长量最大,15℃时生长量显著下降。而冷地型草坪草的剪股颖和草地早熟禾在20~25℃时生长量最大。春季温度适宜、雨量充沛,冷地型草坪草每周需要修剪2次;而在夏季,气候条件对冷地型草生长不利,每2周修剪1次即可。暖地型草夏季生长旺盛,需要经常修剪,其他季节,气温较低,草坪草生长缓慢,修剪的频率要适当降低。

③不同用途的草坪草修剪的频率不同。用于运动场和观赏的草坪,质量要求高,修剪高度低,修剪频率高;而一般绿化和水土保持草坪质量要求低,修剪高度高,修剪频率低。大量施肥、灌溉多的草坪生长较快,修剪频率比粗放养护的草坪要高。

④修剪的频率也取决于草坪修剪高度,修剪的高度越低,频率越高,这样才能达到三分之一原则的要求。修剪高度为5cm的草坪每周修剪一次就可达到修剪要求,而修剪高度为0.32cm的高尔夫球场果岭则需要每天修剪。为遵守三分之一原则,当草坪高度高于修剪高度的50%时才能剪草。如草高未超过标准高度的50%即修剪,不仅增加剪草次数,提高了管理成本,还会因频繁修剪,阻碍了根、根茎和地上部分的生长,减少了营养贮存,使叶组织汁液增加,降低了草坪生长势,且伤口的频繁出现为病原菌的侵入提供了更多的机会,间接增加管理费用的投入。

4.3.5 修剪方法

正确的修剪方法是保证修剪质量的前提,需从修剪方向、修剪图案、边缘修剪几方面考虑。

4.3.5.1 修剪方向

草坪修剪方向不同,草坪草茎叶的取向、反光也不相同,于是产生了像许多体育场常见的明暗相间的条带。因此,为了保证草坪草茎叶正常生长,每次修剪的方向和路线应有所改变。不改变修剪方向,可使草坪土壤受到不均匀挤压,甚至出现车轮压槽;不改变修剪路线,可使土壤板结,草坪草受损伤(图4-5)。

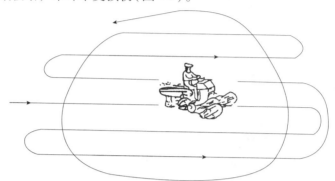

图4-5　草坪修剪方向示意图(赵美琦,2001)

4.3.5.2 修剪图案

草坪的图案可根据预先设计,运用间歇修剪技术而形成色彩深浅相间的图形,如彩条形、彩格形、同心圆形等,常用于球类运动场和观赏草坪。

(1)设计图形

根据场地面积、形状、使用目的和剪草机的剪幅,设计相应的图形。

(2)现场放线

用绳索作出标记。球类运动场的彩条或彩格,条格的宽度通常为2～4m。

(3)间歇修剪

按图形标记,隔行修剪,完成一半的修剪量,间隔数日以后,再修剪其余的一半。间隔天数一般为1～3d。在能清晰显示色差的前提下,间隔天数越短越好。同一条块草坪的修剪方向应保持一致,以免出现色差。

4.3.6 修剪机械

4.3.6.1 剪草机械的分类

草坪修剪机又称剪草机或割草机,自1830年布丁发明了第一台剪草机以来,随着草坪业的发展,剪草机的技术也得到了长足的发展。

(1)根据工作装置、剪草方式不同可分为滚刀式(滚筒式)、旋刀式、连枷式(甩刀式)和甩绳式。每种类型的剪草机所适用的草坪和草坪立地环境不尽相同。

(2)按刀头与剪草车体的相对位置又可分为前置式剪草机、中置式剪草机、后置式剪草机和侧置式剪草机。滚刀式和旋刀式的刀头可设在剪草机的任何位置,但连枷式和甩绳式刀头一般只有前置和侧置形式。

(3)按操作部分的结构分手扶式剪草机、推行式剪草机、坐骑式剪草机及剪草拖拉机。

手扶式剪草机又分自行手扶式剪草机和非自行手扶式剪草机。一般手扶式剪草机和推行式剪草机剪幅范围为30～70cm，坐骑式剪草机和剪草拖拉机剪幅范围为70～500cm。

4.3.6.2 剪草机械的介绍

（1）滚刀式剪草机

滚刀式剪草机的剪草装置由滚刀和底刀组成，底刀是定刀，固定在滚刀下方，滚刀是动刀，工作时绕自身轴线转动。滚筒的形状像一个圆柱形，滚刀呈螺旋形安装在圆柱表面上。滚筒旋转时，把叶片推向底刀，产生逐渐切割

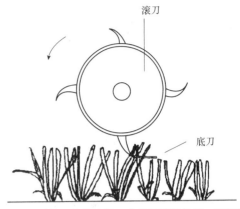

图4-6　滚刀式剪草机工作原理（郑长艳，2009）

的滑动剪切而将叶片剪断，剪下的草屑被甩进集草斗。由于滚刀剪草机的工作原理类似于剪刀的剪切，只要保持刀片锋利、剪草机调整适当即可，其剪草质量是几种剪草机中最好的（图4-6）。

滚刀式剪草机的使用调整主要有两个方面：一是剪草高度的调整，滚刀式剪草机的剪草高度是前滚轮和后滚筒的底切面与底刀之间的高度差，通过改变前滚轮相对于滚刀的高度来调节；二是滚刀与底刀间隙的调整，可以固定底刀，调整滚刀相对于底刀的位置，或者固定滚刀，改变底刀来调整两者的间隙。调整刀片时注意平衡用力，底刀与滚刀的间隙以剪断0.1mm厚的纸片为宜。

使用滚刀剪草机还应注意，由于滚刀与底刀之间是金属的接触，剪草机在空转时，滚刀与底刀摩擦生热会引起金属膨胀，从而使刀片出现严重磨损。因此，在两个剪草地点间行走时，要把滚刀传动切断，若发现底刀和滚刀出现缺口或刀刃变钝，应及时磨刀，磨刀使用专用的磨床，注意磨刀时不要两个人同时操作，以免伤到手指。

滚刀式剪草机有手推步进自行式、坐骑式、大型拖拉机牵引式、悬挂式。适用于地面平坦、修剪质量高、修剪量小的商用型草坪，国内多见于高尔夫球场，其他场合很少使用。

（2）旋刀剪草机

旋刀剪草机的主要部件是横向悬挂在直立轴上的刀片。通过高速旋转的刀片将叶片水平切割下来，为无支撑切割，类似于镰刀的切割作用。刀片与刀盘连接方式有固结式和铰接式（活络式）两种，固结式刀片结构简单，制造容易，但草坪表面必须清洁无杂物，否则容易损坏刀片或将障碍物抛向操作者或周围；活络式刀片用铰接的方式与刀盘连接，刀片可绕铰接点任意转动，旋转时，遇障碍物可让开，适用于杂物较多的草坪，也适用于牧草切割（图4-7、图4-8）。

使用旋刀剪草机时的修剪质量取决于刀刃的锋利程度和刀片旋转的速度，不锋利的刀片修剪的草坪切口不整齐，不整齐的伤口愈合慢，损失水分增多，也给病菌侵染增加了机会。因此，要定期检查剪草机的刀片和被剪叶子的末端，判断刀片是否锋利，若刀片变钝或有缺口，及时用砂轮（有条件的可用磨床）打磨。严重损坏的刀片应当更换，安装刀片时，用力要均匀。

图4-7　旋刀式剪草机工作原理(郑长艳，2009)

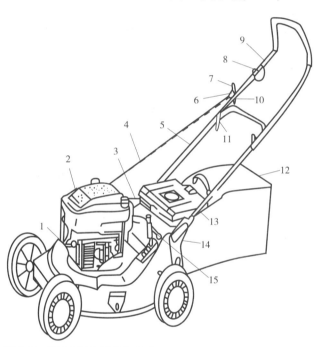

图4-8　WB 530A型草坪修剪机结构示意图(郑长艳，2009)

1. 火花塞　2. 发动机　3. 油门拉线　4. 启动绳　5. 下推把　6. 固定螺栓　7. 启动手柄
8. 油门开关　9. 上推把　10. 螺母　11. 锁定螺母　12. 集草袋　13. 后盖　14. 支耳　15. 调茬手柄

旋刀剪草机主要有气垫式、手推式和车式，比滚刀式剪草机价格低廉，用于大多数对草坪质量要求不高的草坪。

(3) 连枷式(甩刀式)剪草机

连枷式(甩刀式)剪草机的刀片用铰接或铁链连接在旋转轴或旋转刀盘上，工作时旋转轴或刀盘高速旋转，离心力使刀片崩直，端部以冲击力切割草坪茎叶。由于刀片与刀轴或刀盘铰接，当碰到硬物时可以避让而不会损坏机器。连枷式剪草机可适用于杂草和细灌木丛生的绿地，能修剪30cm高的草坪。缺点是磨快刀片很费时间，而且修剪质量也较差。

有一种大型连枷式剪草机的刀片组安装在一液压臂上,通过液力驱动刀旋转,专用于公路两侧和河堤的绿地修剪。

(4)甩绳式剪草机

甩绳式剪草机是通过发动机转动尼龙绳或钢丝,高速旋转的绳子与草坪茎叶接触时将其击碎,从而实现剪草的目的。

这种剪草机主要用于其他剪草机难以作业的区域。由于甩绳式剪草机是肩挎式,用手来调节剪草高度,适用于树下草坪或细灌木、杂草的修剪。剪草时一定要注意安全,操作时穿戴厚的工作服、工作靴、防护眼镜。更换甩绳或排除缠绕时必须先切断动力。

4.3.7 修剪质量

修剪质量的好坏取决于剪草机的选择以及修剪时的草坪状况。当草坪处于不良状态时,即使使用最好的剪草机也难以获得较好的剪草效果。若草坪状况良好,剪草机的选择与使用成为影响修剪质量的关键因素。

对于一块具体的草坪来说,想要选择最佳剪草机的类型往往要考虑许多因素,如草坪质量、修剪高度、草坪草的种类及品种、可利用的刀刃设备、修剪宽度及配套动力等。总的原则是在达到修剪草坪质量要求的前提下,选择经济实用的机型。

(1)通常运动场草坪和观赏草坪质量要求较高,修剪高度在2cm左右,应选滚刀式剪草机。选择滚刀式剪草机还应注意,其滚刀上的刀片数和滚刀的转速也影响修剪质量,滚刀上刀片数越多,单位长度上行进中切割的次数越多,切下的草叶就越细;滚刀的转速越高,切下的草叶也越细。

(2)一般绿化景观的草坪(如广场、公园、学校、工厂等绿化草坪),修剪高度控制在4~15cm,常选用旋刀式剪草机。

(3)管理比较粗放的护坡、公路两侧绿地,修剪高度超过20cm,草坪质量要求很低,则采用连枷式剪草机。

(4)甩绳式剪草机一般配合其他类型剪草机一起使用,修剪草坪的边缘和障碍物周围的草坪。

选择了最佳的剪草机,还要会正确使用,只有充分发挥其性能才能得到良好的修剪质量。首先,刀片要保持锋利,对于滚刀剪草机像前面所述正确调整;其次,剪草机每次使用前后要保养(诸如更换机油、使用后加黄油、使用后及时清洗等),使剪草机经常保持在最佳状态。

4.3.8 草屑的处理

草屑即剪草机剪掉的草坪草组织。草屑内含有植物所需的营养元素,是重要的氮源之一,其干重的3%~5%为氮,1%是磷,1%~3%为钾。研究发现,草屑中的含氮量占草坪氮需要量的1/3;施肥后前3次修剪的草屑中含有60%~70%的有效养分。

(1)将草屑留在草坪中

健康无病虫害的草坪,如果剪下的草叶较短,可不将草屑清除出草坪,直接任其撒入草坪内自然分解,将大量营养元素回归草坪。

(2)将草屑移出草坪

如果剪下的草叶较长,草屑留于草坪会影响美观,同时,草的覆盖会影响草坪草的光合作用,引起病害的发生,或者修剪的是有病害的草坪,无论草屑的长短,一律收集起来运出草坪焚烧处理。一般运动场草坪,考虑运动的需要,会将草屑清除出草坪。

4.3.9 化学修剪

化学修剪是利用植物生长调节剂控制草坪草生长,达到减少草坪修剪次数,从而降低养护管理成本。它可使高速公路两侧绿化带、陡坡、河岸的草坪修剪简单、安全、易操作。

4.3.9.1 生长调节剂的作用原理及途径

植物生长调节剂可通过阻止细胞分裂来抑制植物生长,利用其对草坪草生长的抑制作用,控制草坪草生长,减少修剪费用。

生长调节剂控制草坪草生长一般有2个途径:①去除顶芽或某种程度上抑制顶端分生组织的活动;②阻止节间生长,促进侧芽生长和分蘖,但破坏顶端分生组织。

4.3.9.2 生长调节剂的种类

常用草坪生长调节剂分为生长延缓剂和生长抑制剂2种。

(1)生长延缓剂主要是延缓顶端分生组织的生长,可被赤霉素逆转,主要有嘧啶醇、矮壮素(CCC)、矮化磷(CBBP)等。

(2)生长抑制剂完全抑制新梢顶端分生组织的活动,浓度高时可逆转整个生长过程,不能被赤霉素逆转,主要有多效唑(PP_{333})、烯效唑(S-3307)、抑长灵(Embark)、乙烯利(ETH)、青鲜素(马来酰肼,MH)、氟草胺、丁酰肼(B9)、2,4-D丁酯等。

4.3.9.3 生长调节剂的施用方法及时间

(1)施用方法

常采取喷施的方法来施用生长调节剂,该法简单易行,发生作用快。有时2种生长调节剂配合使用可以收到事半功倍的效果。如乙烯利与2,4-D丁酯按一定比例混合,既可以抑制草坪草的生长,还可以防治阔叶性杂草。

但有些生长调节剂若采用喷施的方法,会使叶片变形,抑制顶端分生组织功能,因此可用土施的方法,达到控制茎生长的目的,不仅省药,而且药效长。

(2)施用时间

施用生长调节剂应在草坪草生长旺盛期进行,以达到最佳的控制效果。冷地型草坪应在春季和秋季使用,暖地型草坪则在夏季使用。不要在未成坪草坪上使用,以免伤害幼苗、延缓成坪。也不要连续重施,以免引起草坪退化。

(3)注意事项

一般而言,生长调节剂的浓度都有适宜的作用范围,过低则不起作用,过高则产生毒害,甚至导致死亡。因此在某种草坪草上施用生长调节剂时,要先进行试验,确定适宜的生长调节剂种类、浓度和次数。

使用生长调节剂也有其局限性。例如,连续重复使用某些生长调节剂可以引起草坪草根系分布变浅,叶片变黄和稀疏等,从而使草坪草植株变弱,易受病虫、杂草、高温、干旱等逆境影响。理想的解决方法是找到一种生长调节剂,只限制垂直生长,但不影响叶片、分蘖、根茎和根系的生长。

 任务分解

1. 草坪修剪前准备

对草坪剪草机,要检查刀片是否损坏,螺母、螺栓的紧固情况;轮胎压力;机油、汽油是否充足。对草坪要进行清理,清除草坪上的木棍、石头、瓦块、塑料、铁丝等杂物以及固定设施(如喷灌管埋头等),应做好标记,以防损坏刀片。

2. 草坪修剪

剪草机启动前,应根据草坪修剪的三分之一原则调节剪草高度;启动剪草机;将离合器杆向手柄方向扳动时,剪草机会自动前进,沿一定的方向修剪草坪,直至所有草坪修完为止。然后缓慢将油门推至"停止STOP"中位置,再将化油器的燃油阀门从2推至3的位置,即可关机,将剪草机清理干净。如长时间不用,还应将刀片等部位上油保护,存放。最后清理草屑。

3. 技术要点

(1)修剪一定要遵循三分之一原则

合理、科学的修剪是使草坪生长良好、使用年限延长的主要措施之一,无论何时修剪都要严格遵守三分之一原则。长时间留茬过低,会出现"脱皮"现象;留茬过高会影响观赏,景观效果差。

(2)修剪机具的刀片要锋利

草坪修剪前要对剪草机进行全面的检查,其中包括检查刀片是否锋利。刀片钝会使草坪草叶片受到机械损伤,严重时会把整个植株拔出来。叶片若切得不齐,有"拔丝"现象出现,修剪完太阳光照,坪面上像撒了一层干草碎屑,观赏效果极差。

(3)同一草坪避免同一地点、同一方向重复修剪

修剪时最好要不断变换剪草的样式,每次剪草不应一直从同一地点开始、朝同一方向修剪。因为草坪草易向剪草的方向倾斜或生长,形成谷穗状。另外,每次剪草机的轮子压过同一地方,时间长了会使土壤板结、草坪草矮化或出现秃斑,严重影响景观。

(4)修剪完的草屑要处理干净

草屑细碎时可以留在坪床上,进行养分循环,而草屑过长时最好移出坪地,以免草茎分解缓慢或不彻底,引起病害等难以控制的后果。

(5)修剪机具的刀片和工作人员的服装要经常消毒

剪草机的使用频率很高,但在病害高发季节要特别注意刀片和工作人员服装的消毒工作。一旦局部的病菌被修剪机具的刀片和工作人员带到其他草坪上,会使病害广泛传播,

造成严重的经济损失。

(6)避免在有露水和阳光直射时进行修剪

修剪时要避开露水和直射的阳光是因为修剪必定要对草坪形成剪口,也就是创伤,如果有露水易使切口腐烂、引发病害;直射的阳光会使草坪草脱水严重,造成草坪草萎蔫,甚至死亡。

任务实施

1. 场所、材料及用具

场所:学院草坪实训基地。

材料及用具:每组配备待修剪草坪场地一处,每组至少 $50m^2$ 左右;旋刀式剪草机;汽油、机油。

2. 方法及步骤

5~6人为一小组,在教师的指导下进行操作。

(1)实训前准备

提前1周,学生分组,教师下发任务单,学生通过熟悉教材、查阅相关资料掌握旋刀式剪草机使用的注意事项,并观察旋刀式剪草机的简单构造。

(2)现场实训

①检查机器 启动前,一定要先检查机油、汽油是否充足,空气滤清器是否干净,刀片是否损坏,螺栓是否锁紧等,然后开机;否则可能损坏机器,危及人身安全。此外,机油油面不要超过"高位"标志;加油需在停车状态下通风良好的地方进行;还要检查拣出草坪内所有的小石块、砖头、树枝等垃圾。操作者须穿长裤、保护鞋、戴防护镜。

②启动 启动前,应根据草坪修剪的三分之一原则来调节剪草高度。具体操作如下:首先,将化油器上的燃油阀门从①推至②的位置。再将节流杆(油门)推至阻风门(CHOKE)位置。然后,提起启动索,快速拉动。注意,不要让启动索迅速缩回,而要用手送回,以免损坏启动索。启动后,要将节流器(油门)迅速扳至"高速"(HIGH),使发动机平稳运转。

③剪草 将离合器杆靠近手柄方向搬动时,剪草机会自动前进;松开离合器杆时,剪草机会停止。如果剪草机出现不正常震动或发生剪草机与异物撞击,应立即停止。重新调节剪草高度须停止发动机。剪草时,要将节流杆(油门)置于"高速"(HIGH)的位置,以发挥发动机的最佳性能。另外,剪草时,只能步行前进,不得跑步,不得退步。换挡杆有"快速(FAST)"和"慢速(SLOW)"两种位置,可使剪草机的刀片以两种旋转速度切割草坪。但是,行进间不能换挡。

④关机 缓慢将节流杆推至"停止(STOP)"位置,再将化油器的燃油阀门从②推至③的位置,即可关机。

⑤清洁机具 剪草作业结束后,应将剪草机清理干净,长时间不用时,还应将刀片等部位上油保护。

项目4 草坪养护

3. 要求

(1)查阅相关资料,掌握旋刀式剪草机的结构组成及使用的注意事项;
(2)启动前检查机器、清理场地、穿戴防护衣帽;
(3)正确地启动机器,并按要求进行草坪修剪;
(4)修剪结束后,按正确的程序关机;
(5)按正确的方法给剪草机清理、上油保护等;
(6)记录工作过程,整理形成报告。

 考核评价

(1)理论考核:完成核旋刀式剪草机使用的实训报告,要求包括正确使用步骤及注意事项。

(2)实践考核:现场考核旋刀式剪草机使用的各个环节是否完整以及符合实训要求,剪草过程是否合理,剪后草坪是否均匀整齐,并考核草坪质量。

任务

病害防治

草坪病害防治是草坪养护的重要环节之一。草坪病害会引起草坪稀疏,成片死亡,出现斑秃,严重影响草坪的功能和使用寿命。草坪病害防治技术就是在了解草坪病害类型、病原、病症、病状及发病规律的基础上,通过植物检疫、栽培措施、化学防治及综合利用各种方法进行草坪病害防治的技术措施。

 工作任务

【任务目标】

学习草坪病害的概念,草坪常见病害类型,真菌病害的发病机理,病害综合防治等相关理论知识;掌握病害诊断技能,并能根据诊断结果正确选择农药,掌握使用农药喷施的方式,对草坪病害进行化学防治。

【任务描述】

对一块患病的草坪进行喷施杀菌剂进行病害的防治作业。

【任务分析】

详见图4-9。

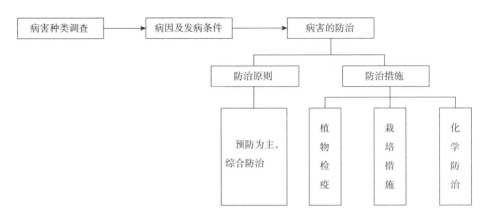

图4-9 病害防治任务分析图

知识准备

4.4.1 草坪病害的概念

草坪病害是指草坪草受到病原生物的侵染或不良环境的作用时，发生一系列生理生化、组织结构和外部形态的变化，其正常的生理功能偏离到不能或难以调节复原的程度，生长发育受阻导致局部或整株死亡，最终破坏景观效果并造成经济损失。

病害不同于一般的机械物理伤害（如雹害、风害、器械损伤以及大多数昆虫和其他动物的损伤），它有一个病理变化的过程，这些创伤由于没有病理变化过程，故不能称为草坪病害。

4.4.2 草坪病害的症状

症状是指草坪草生病后肉眼可见的不正常表现（或病态）。症状由病状和病征两部分组成。草坪草本身的不正常表现称为病状，常见的病害病状有变色、坏死、腐烂、萎蔫和畸形五大类。发病部位病原物的表现称为病征。常见的病征类型有霉状物、粉状物、锈状物、点（粒）状物、线（丝）状物、溢脓等。草坪草生病后一定会出现病状，但不一定有病征，非传染性病害和病毒病就只有病状而无病征，真菌和细菌病害往往有比较明显的病征。症状是病害病理过程的综合表现，对于每一种草坪病害，都有一定的特异性和稳定性，所以症状是病害诊断的重要依据。

4.4.3 草坪病害的类型及致病过程

4.4.3.1 草坪病害的类型

根据病原的不同，草坪草病害可分为两大类。

(1) 非侵染性病害

非侵染性病害又称生理性病害，是由不良的环境条件引起的，主要包括营养缺乏或过剩、水分过多或过少、温度过高或过低、光照不足或过强、缺氧、空气污染、土壤酸碱不当或盐渍化、药害、肥害等，只局限于受害植株本身，无传染性，其常见症状为草坪草变色、畸形、萎蔫等。

(2) 侵染性病害

侵染性病害又称传染性病害，是由病原物（如真菌、细菌、病毒、植原体、线虫等）侵入寄主草坪草体内引起的。这类病害在适宜条件下可以在植株间传染蔓延，甚至流行，具有传染性，是草坪病害防治的重点和难点。

有时二者症状相似，而且常常互为因果，伴随发生。例如，当草坪草生长在不适宜的环境条件下时，其抗病性会下降甚至消失，因而容易感染传染性病害。同时，传染性病害也会使草坪草的抗逆性显著降低，更易引起非传染性病害。因而，在草坪管理中，应尽可能地为草坪草提供适宜的环境条件，增强其抗病性。

4.4.3.2 草坪病害的致病过程

病原是指引起草坪病害的各种原因。草坪草病害发生的过程始于病原物侵入寄主植物。病原物种类主要包括真菌、细菌、病毒、类病毒、类菌质体、线虫等。其中，真菌是引起草坪病害的主要病原物。真菌通过各种孔道侵入草坪草体内，形成菌丝体。菌丝在植株体内可以释放出毒素，使植物细胞失去完整结构以致最终死亡。

病原物在寄主植物体内的定植，表明该植物已经被侵染，经过几天或几周的潜伏期后，开始出现病征。

4.4.4 草坪病害的防治

4.4.4.1 防治原则

草坪病害防治的基本原则是"预防为主，综合防治"。即根据病害发生规律，抓住薄弱环节和防治的关键时期，采取经济有效、切实可行的方法，将病害控制在造成危害之前。创造不利于病害发生和危害的条件，采取以栽培技术防治为重点，因时因地制宜，合理应用人工、化学等防治措施，使之取长补短，相辅相成，以达到经济、安全、有效地控制病害发生和危害的目的。

4.4.4.2 病害发生条件

病害流行必须具备存在大量感病的寄主植物、大量致病力强的病原物和适宜病害发生的环境条件，三者缺一不可。

环境条件是引发草坪病害的主要因素。任何一种病原物都有适宜其自身的生长与繁殖的温度、湿度和光照条件。湿润的气候最容易诱发真菌病害，因为真菌依靠外部水分繁殖，在干旱条件下几乎不活动。温度也是诱发病害的重要条件，温度的变化使草坪病害呈现季节性变化。如夏季气温在26℃以上时，褐斑病、腐霉菌枯萎病、炭疽病、镰刀菌枯萎病等高温病害常在草坪上发生和流行；春秋季节草坪上常发生锈病、白粉病、黑粉病、全蚀病、币斑病等中温病害；而雪腐病则是晚秋、冬季和早春季节容易在草坪上发生的低温病害。

除了温度和湿度，遮阴也容易诱发草坪病害。长期的低光照有利于病原物的活动，长期遮阴加上高湿度条件会使草坪草植株变得鲜嫩多汁，从而更易被病原物侵染。

4.4.4.3 防治方法

(1) 加强植物检疫，选用抗病品种

加强植物检疫，从源头上防止病害的发生。不同的草坪草种及品种对病害的抵抗性不同，建植草坪时应选择抗病性强、适应当地气候的草坪草种和品种。不同的病菌所侵染的草坪草种类也有差别，因此生产实际中提倡采用不同草种混播的方法建植草坪，同一种草坪草的不同品种的混合播种也有利于抑制病害的扩散。

(2) 化学防治

播种前应对草坪种子进行消毒处理或进行药剂拌种，一般用种子干重 0.1%～0.2% 的多菌灵或百菌清拌种，或用 0.5% 福尔马林拌种 1.5h，这样既能杀死种子表面的病菌，又能消灭种子周围土内的病菌，可以大大减少幼苗的染病率。建坪后，在易感病季节(夏季)到来之前，经常施用低剂量的杀菌剂进行预防，可取得良好的效果。但要尽可能混合或交替使用各种杀菌剂，不能长期在同一块草坪上使用单一的药物，防止病菌产生抗药性。

(3) 养护管理防治

草坪修剪可以防止草坪徒长，使草坪生长得更加健壮，提高自身的抗病能力。同时还可以剪除病枝。剪草机刀片一定要锋利，尽量使叶片伤口小。否则伤口可能为病菌的入侵提供机会。修剪下的草屑要及时清理出草坪。草坪施肥时保持钾肥的正常供给，可减少草坪病害的发生。每年对草坪要至少施用 2 次全钾肥料。多施充分腐熟的混合有机肥料，可以改良土壤，促进根系发育，提高抗病性。避免在温暖的傍晚进行草坪灌溉，整夜处于湿润环境中的草坪容易感病。排水不良也是引起草坪草根部腐烂的主要原因，并引起病害的蔓延。建坪时，要有一定的排水措施。一旦发现感病植株要及时拔除、深埋或烧毁，并清理残茬及落地的病叶、枯叶等。杂草与草坪草争夺养分，影响通风透光，还易为病菌繁殖提供场所，及时清除杂草，也有利于防止病害的发生。

4.4.5 常见草坪病害的种类及防治

草坪草侵染性病害中以真菌病原物所致的病害为主。下面分别介绍冷地型草坪草和暖地型草坪草常见的病害，主要从病害适宜的发病条件、致病病原菌、易感染的草坪草种类、病害发病的症状及防治方法等方面加以叙述。

4.4.5.1 冷地型草坪草常见病害

(1) 褐斑病

①适宜的发病条件　当土壤温度高于 20℃，气温在 30℃ 左右时，病害开始发生。高温高湿是其发病的必要条件。褐斑病的流行性很强。早期只要有几片叶片或几株草受害，一旦条件适合，没有及时防治，病害就会很快扩展蔓延，造成大片禾草受害，特别是修剪很低的草坪。菌核有很强的耐高、低温能力，它萌发的温度范围很宽为 8～40℃，最适宜

的萌发温度为28℃。但最适宜的侵染和发病温度为21~32℃。当土壤温度升至15~20℃时，菌核开始大量萌发并生长。但只有气温升至大约30℃，夜间空气温度大于20℃时，病原菌才会明显地侵染叶片和其他部位。

②感染的草坪草　褐斑病是所有草坪病害中分布最广的病害之一。只要在草坪能生长的地区就能发生褐斑病，寄主范围很广，可侵染草地早熟禾、粗茎早熟禾、紫羊茅、高羊茅、多年生黑麦草、匍匐剪股颖、野牛草、假俭草、结缕草、钝叶草等。

③发病症状　褐斑病主要侵染植株的叶、鞘、茎，引起叶腐、鞘腐和茎基腐，根部往往受害很轻或不受害。被侵染的病叶及叶鞘上出现梭形和长方形的病斑（图4-10），形状不规则，初期呈水渍状，逐渐病斑中心枯白，边缘红褐色，感病叶片由绿色变为浅褐色，再变为深褐色，最终干枯、萎蔫，转为浅褐色，在受害草坪上出现大小不等的近圆形枯草圈，枯草圈直径可从几厘米很快扩展到2m左右。死去的叶片仍直立。在高湿或清晨有露水的情况下，枯草圈边缘会出现2~3cm宽的"烟环"，呈黑紫色或灰褐色，是由病菌的菌丝形成的。当太阳出来照射一会儿，叶片干燥后，"烟环"消失。如果草坪修剪高度较高，很少形成"烟环"，但常出现凹陷的症状，形成环形斑，病斑边缘草坪枯死，而病斑中间的病株较边缘病株恢复快，结果枯草斑就呈现出环状或蛙眼状。有经验的草坪管理人员，在病害出现之前12~24h就能闻到一股霉味，有时可持续到发病后。

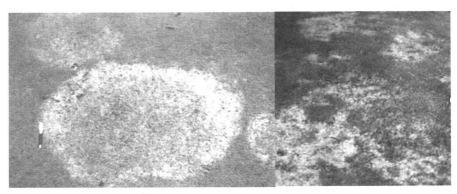

图4-10　褐斑病侵染后出现的病斑

④防治方法

a. 褐斑病在高温高湿下发生，要避免傍晚浇水。

b. 平衡施肥，要少施或不施氮肥。适量增施磷、钾肥，有利于控制病情。

c. 及时修剪，但不要修剪过低，以增强草坪草的抗性。改善草坪下部的通风条件，适当进行打孔疏草。

d. 早期防治，一定要在发病初期用药剂防治，才能有效地控制病害。选用代森锰锌、百菌清、甲基托布津等杀菌剂效果较好。北方地区防治褐斑病的第一次用药时间最好在5月初，可以采用药剂拌种、喷施叶片或灌根防治的方式。

(2) 夏季斑枯病

①适宜的发病条件　夏季斑枯病在高温而潮湿的月份和排水不良、土壤紧实的地方最易发病。春末土壤温度在18~20℃时开始侵染。在炎热多雨的天气，或大量降雨、暴雨之

后又遇高温的天气，病害开始显症并很快扩展蔓延，造成草坪出现大小不等的秃斑。夏季斑枯病还可通过剪草机械以及草皮的移植而传播。

②感染草坪草　斑枯病能侵染多种冷地型禾草，其中以草地早熟禾受害最重。

③发病症状　夏初常在草地早熟禾上表现症状，发病草坪最初出现环形的、生长较慢的、瘦弱的小斑块（图4-11），以后草株褪绿变成枯黄色，或出现枯萎的圆形斑块，直径3~8cm。斑块逐渐扩大，典型的斑块圆形，直径不超过40cm，但最大时直径也可达到80cm。在持续高温天气下（白天温度达18~35℃，夜温超过20℃），病叶颜色迅速从灰绿色变成枯黄色，多个枯草斑块愈合成片，形成大面积的不规则形状枯草斑。受害草株根部、根冠部和根状茎呈黑褐色，后期维管束也变成褐色，外皮层腐烂，整株死亡（图4-11）。

图4-11　夏季斑枯病侵染后出现的病斑

④防治方法

a. 施肥时根据草坪草习性，控制氮肥的用量，增加有机肥的施用比例。重施秋肥，轻施春肥。施肥要少量勤施，平衡施肥。

b. 灌溉时避免大水漫灌，减少灌溉次数，控制灌水量，保持地面良好的排水功能，使草坪既不干旱，也不过湿。灌水时间最好在清晨或午后，避免在傍晚或夜间灌水。

c. 选抗病草种混播。不同草种间抗病性的差异表现为：多年生黑麦草＞高羊茅＞匍匐剪股颖＞草地早熟禾。

d. 在发病前期或初期，用灭霉灵、乙磷铝、杀毒矾、代森锰锌、甲基托布津等药剂拌种。土壤处理用代森锰锌、甲基托布津、乙磷铝、杀毒矾效果较好。

（3）腐霉枯萎病

①适宜的发病条件　高温高湿是腐霉菌侵染的最适条件。白天最高温度30℃以上，夜间最低温度大于20℃，大气相对湿度高于90%，且持续14h以上，或者是有降雨的天气，腐霉枯萎病就可大面积发生。在高氮肥下生长茂盛稠密的草坪最感病；碱性土壤比酸性土壤发病重。在北方地区，该病的主要危害期在6~9月的高温高湿季节。

②感染草坪草　腐霉菌可以侵染所有草坪草，尽管大多数腐霉枯萎病是发生在高温条件下的一种病害（气温29~35℃时危害最重），但它却主要危害喜凉的冷地型草坪草。暖地型的狗牙根也可受害，尤其是普通狗牙根，不过造成的损失要比冷地型草坪草小。

③发病症状　在夏日有露水的早上，受害叶片呈明显的水渍状，而后枯萎，枯萎斑不规则，多出现在近叶鞘处或叶尖部。草坪上最初出现直径数厘米至数十厘米的圆形黄褐色枯草圈而后迅速扩展，合并为较大的不规则枯草地块。湿度较高的清晨，草坪上可见到明显的棉絮状菌丝。高温高湿条件下，腐霉菌侵染草坪草会导致根部、根茎部和茎叶变褐并腐烂。草坪上突然出现直径2~5cm的圆形黄褐色枯草斑。修剪较低的草坪上枯草斑最初

很小，但迅速扩大。修剪较高的草坪上枯草斑较大，受害植株腐烂、倒伏，紧贴地面枯死，枯死秃斑呈直径10～15cm不等的圆形或不规则形状。干燥后病叶皱缩，色泽变浅，高温时有成团的棉絮状菌丝体生成(图4-12)。多数相邻的枯草斑可汇合，形成较大的不规则死草区，这类死草区往往分布在草坪最低湿的区域。

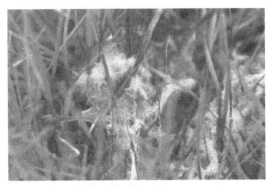

图4-12 腐霉枯萎病的棉絮状菌丝体

④防治方法

a. 适量灌溉，提倡采用喷灌。土壤湿度和叶片上的水膜是腐霉枯萎病发生的必要条件。适量的灌溉使草坪草既不因缺水而干旱，也不因湿度过高而受病害的侵害。在温度适于病害发生的时候要注意不能在傍晚或夜间浇水。适宜的浇水时间是早上太阳出来后到中午之前。喷灌能较好地控制浇水量，是较适宜的灌溉方法。

b. 土壤施肥尽量均衡，不能因为追求草坪草颜色美观而过量施用氮肥。草坪氮肥施用过多时，容易使叶丛茂密、通气性差、抗病能力下降，促进病原菌的侵入。因此，对于冷地型草坪草不要在夏季施肥，提倡秋季、春季均衡施肥，增施磷、钾肥和有机肥。

c. 在病害大量发生时，适当提高草坪修剪高度，可增强草坪草的抗性，并且要适当减少草坪修剪次数，尤其在高温潮湿季节，当叶面有露水，特别看到已有明显菌丝时，不要修剪，最大限度地避免病原菌的传播。

d. 可用代森锰锌、杀毒矾等对种子进行药剂拌种。药剂拌种是防治烂种和幼苗猝倒的简单、易行和有效的方法。高温高湿季节来临前要及时使用杀菌剂控制病害。对已建草坪上发生的腐霉病，防治效果较好的药剂有甲霜灵、乙磷铝、杀毒矾、代森锰锌等。为防止病害产生抗药性，使用药剂时应将触杀型的和内吸型的混合使用或者交替使用各种药剂。

(4) 白粉病

①发病的适宜条件 白粉病菌不耐高温，病菌以子囊孢子在闭囊壳内越冬。子囊孢子在春天或夏初发芽并侵染草坪草。在15～22℃可以生长，最适温度为18℃，并且在弱光、高湿度、通风不良等条件下病菌不需自由水即可侵染寄主。大约在侵染4d后，产生大量的分生孢子进行再侵染。在草坪整个生长期，只要条件适宜，均可进行再侵染。在庇荫处，此病在春、夏、秋季均可见。

②感染草坪草 白粉病感染的草坪草主要有草地早熟禾、细叶羊茅、剪股颖、黑麦草、小糠草和狗牙根等。

③发病症状 染病初期叶表出现白色菌丝或小菌落(图4-14)。菌丝体和菌落会扩大合并，覆盖大部分或整个叶表面。病原菌在叶表形成的菌丝体为白色或灰白色。菌丝体上产生的分生孢子使菌丝体表面呈粉笔末状，看起来像喷了面粉。发病严重时叶片褪绿变黄或棕色。染病植株变弱，如受其他因子胁迫病株有可能死亡。侵染严重时草坪会变得稀疏。发病程度高的草坪会成片呈白色(图4-13)。

④防治方法

a. 选择抗病品种，遮阴处的草坪应混合播种，如匍匐茎羊茅和细叶羊茅在遮阴地的草坪中表现出较强的抗性。

b. 在管理过程中尽量避免遮阴，定期修剪以改善草坪的通风条件；避免过多施用氮肥，注意氮、磷、钾肥配合。

c. 注意改善排水状况，适时浇水，使草坪健康生长，增强抗病能力；提高草坪修剪留茬。

d. 采用粉锈宁、放线菌酮等化学药剂进行防治较为有效。

图4-13 白粉病的白色菌丝或小菌落

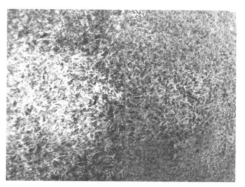
图4-14 镰刀菌侵染后出现的病斑

(5)镰刀菌枯萎病

①发病的适宜条件　高温和土壤含水量过低或过高都有利于其发生，干旱后长期高温或枯草层温度过高时发病尤重。在春季或夏季过多施用氮肥，修剪高度过低，土壤枯草层太厚等都有利于镰刀菌的发生。pH值高于7.0或低于5.0也有利于根腐和基腐发生。

②感染草坪草　镰刀菌枯萎病可感染多年生草地早熟禾、羊茅、剪股颖、假俭草及其他草坪草。

③发病症状　开始时出现淡绿色的小斑块，随后迅速变成枯黄色，在高温干旱的气候条件下，病草枯死变成枯黄色(图4-14)。枯草斑圆形或不规则形，直径2~30cm，病区内几乎全部草株发生根部、冠部、根状茎和匍匐茎黑褐色的干腐，有时出现叶斑。当湿度高时，病草的茎下部和冠部可出现白色至粉红色的菌丝体和大量的分生孢子团。在温暖潮湿的天气条件下，可造成大面积的草坪产生均匀的叶斑。三年生以上的草地早熟禾草坪被侵染后，枯草斑直径可达1m，呈条形、新月形、近圆形。枯草斑边缘多为红褐色。通常枯草斑中央为正常植株，受病害影响较少，四周为由已枯死的草株形成的环带，整个枯草斑呈"蛙眼"状。

④防治方法

a. 种植抗病草种或品种。草种间的抗病性依次为剪股颖>草地早熟禾>羊茅，提倡草地早熟禾与羊茅、黑麦草等混播。

b. 施肥时增施有机肥和磷、钾肥，控制氮肥用量。减少灌溉次数，控制灌水量以保证草坪既不干旱亦不过湿；及时清理枯草层，使其厚度不超过2cm。剪草高度不宜过低，一般保持在5~8cm。

c. 在发生根茎腐烂症状初期,可施用多菌灵、甲基托布津、灭霉灵、杀毒矾等内吸杀菌剂防治。

(6)币斑病(钱斑病、银元斑病、钱枯病)

①发病的适宜条件　发病的适温为15~32℃,从春末一直到秋季病害都可发生。温暖而潮湿的天气、氮素缺乏、土壤干旱瘠薄等因素可加重病害的流行。

②感染草坪草　币斑病可感染草地早熟禾、巴哈雀稗、狗牙根、假俭草、匍匐剪股颖、钝叶草、结缕草等多种草坪草。

③发病症状　单株叶片受害,产生水浸状褪绿斑,以后逐渐变成白色(图4-15),边缘棕褐色至红褐色,病斑可扩大延伸至整个叶片,呈漏斗状。单株叶片可能只有一个病斑,也可能有许多小病斑或整叶枯萎;成坪草坪上出现凹陷,圆形、漂白色或稻草色的枯草斑,斑块大小从5分硬币到1元硬币不等。清晨草坪上有露水时,在新鲜的枯草斑上可看到白色、棉絮状或蜘蛛网状的菌丝,干燥时菌丝消失。

④防治方法

a. 施肥以复合型的肥料为主,提高草坪的抗病性。避免在傍晚浇水或长时间浇水。适当修剪,使空气对流,改善通风透光条件。

b. 适时喷洒杀菌剂,可选用的药剂有百菌清、敌菌灵、丙环唑、粉锈宁、甲基托布津、扑海因、代森锰锌等。

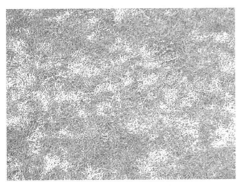

图4-15　币斑病侵染后出现的病斑

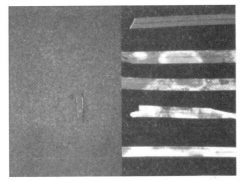

图4-16　炭疽病侵染后出现的病斑

(7)炭疽病

①发病的适宜条件　土壤干燥、板结、缺肥、空气适度大、高温和草坪长期处于环境胁迫时最易发生。病原菌可通过风、雨水等传播。在雨量大、雨期长和空气湿度高、温度在15~25℃的条件下发病尤重。

②感染草坪草　炭疽病感染草坪草范围广,侵染对象比较多,主要侵染早熟禾类、羊茅类、剪股颖类、黑麦草类等冷地型草坪,也可以侵染雀稗、结缕草、狗牙根等暖地型草坪,以侵害一年生早熟禾和匍匐剪股颖最重。

③发病症状　炭疽病的病症随环境条件和栽培方式的不同而有不同表现,但主要表现是叶部枯萎和茎基腐烂。在单个叶片上产生圆形至长形的红褐色病斑,被黄色晕圈所包围。病斑可发展变大,数斑合并使叶片枯萎(图4-16)。叶片在枯萎前变成黄色,然后变成古铜色至褐色。在感病叶片上用放大镜可见到黑色针状子实体。病原在茎上侵染后会导致

茎被病斑环绕，进而形成大小不等的黄或铜色枯斑，枯斑形状不规则。草坪草在感病区内越来越稀疏，感病植株上的根所存无几。老叶易感病，如果阴雨天气里发生会造成茎基腐烂。茎上病斑最初呈水浸状，不久即转成深色，进而形成不规则的枯死斑。侵染后期在感病茎基部产生灰黑色菌丝体团。病原侵染叶鞘基部、茎、根冠和根部，使其颜色转黑。

④防治方法　具体的防治方法包括：选择抗病品种。轻施氮肥，适当施磷、钾肥。提高留茬高度，修剪后及时去除过厚的枯草层。浇水应浇透，减少浇水次数；高温天气可在中午前后进行叶面喷水，以降低叶面温度，避免高温威胁。感病后可在发病初期用百菌剂、乙磷铝、甲基托布津等进行防治。

4.4.5.2　暖地型草坪草常见病害

目前已报道的暖地型草坪草病害约有71种，主要危害狗牙根、结缕草、野牛草、假俭草和钝叶草等暖地型草坪草。现介绍几种影响比较大的暖地型草坪草病害。

(1) 锈病

①发病的适宜条件　温度为17~22℃，空气相对湿度80%以上时有利于侵染。光照不足、土壤板结、土质贫瘠、偏施氮肥的草坪易发病。

②感染草坪草　锈病可在所有草坪草上发生，但狗牙根、结缕草、草地早熟禾、高羊茅、黑麦草是其主要寄主。

图4-17　锈病侵染后出现的病斑

③发病症状　发病初期在叶片的上下表皮出现泡状小点，逐渐在病叶、叶鞘上形成浅黄色斑点，随后病斑变大，扩展成圆形或长条形橙红色斑，椭圆或棒状小突起破裂后散布褐锈色菌粉即夏孢子堆（图4-17）。叶片从叶顶端开始变黄，然后向叶基发展，使草坪成片变成黄色。有时在发育后期会产生黑褐色冬孢子堆。严重时病斑连接成片或成层，使叶片变黄，干枯纵卷，造成茎叶死亡，草坪稀疏。发病后期黄色病斑转变为褐色斑，缩短了草坪的绿期。

④防治方法　混合播种，选择抗病品种；适时浇水，晚秋施适量的磷钾肥；修剪草坪，避免夏孢子形成，降低病原菌数量；提高留茬高度；避免枯草层过厚；冬前最后一次修剪后，应将剪下的草屑清除，以减少越冬病原菌数量。可以通过喷洒硫酸锌、代森锰锌、放线菌酮等进行有效防治。

(2) 叶斑病

①发病的适宜条件　病菌在寄主上越冬，生长季节必须在叶面湿润状态下，才能侵染发病，可随风雨传播。

②感染草坪草　叶斑病在各地都有发生，以剪股颖、狗牙根、羊茅、钝叶草等禾草最易感病。

③发病症状　初期，病株叶片和叶鞘上出现褐色至紫褐色、椭圆形或不规则形病斑（图4-18），病斑沿叶轴平行伸长，大小1mm×4mm。后期病斑中央黄褐或灰白色，潮湿时有灰白色霉层和大量分生孢子产生。严重时枯黄甚至死亡，使草坪变得稀疏。

④防治方法　选择抗病品种；应在清晨浇水，避免晚上浇水，深浇，尽量减少浇水次数；合理施肥，当病害造成显著危害时，应稍微增施肥料；保证草坪周围空气流通。必要时用代森锰锌或多菌灵、甲基托布津进行喷雾防治。

图4-18　叶斑病侵染后出现的病斑

图4-19　仙环病引起的蘑菇圈

（3）仙环病

①发病的适宜条件　春季和夏初，干旱贫瘠的土壤，高温高湿的环境，草垫层过厚的草坪易发病。

②感染草坪草　可在所有常见的草坪草上染病。

③发病症状　最初由病草围成一个小圆圈或出现一束担子果（图4-19）。直径每年都增大几厘米，有时可达0.5m。圆圈的外围草坪草长势奇好，形成一条宽10~20cm的带，随着病菌往圈外迅速扩散，圈内老菌丝逐渐死亡，而随之出现内圈旺长的现象。在温暖湿润的天气下，特别是雨后，外围的圆圈上长出蘑菇。在有的蘑菇圈中，内层环带和外层环带的旺盛同时出现，没有死草的环带。

④防治方法　挖除病原菌；用溴甲烷、氯化苦和甲醛等对土壤进行熏蒸。大面积发病时，可通过打孔后用杀菌剂灌根的方法防治。及时清除子实体，更换病土。

（4）春季坏死斑病

①发病的适宜条件　秋季和春季当温度较低、土壤湿度较高时最活跃，10~20℃生长速度最快，最适温为15℃，秋季和春季危害最严重。

②感染草坪草　春季坏死斑病是发生在狗牙根和杂交狗牙根三年生及以上草坪上的一种典型的真菌病害，也危害结缕草。

③发病症状　春季休眠的草坪草恢复生长后，草坪上出现环形的、漂白色的死草斑块（图4-20）。斑块直径为几厘米至1m，3

图4-20　春季坏死斑病侵染后出现的病斑

年或更长时间内枯草斑往往在同一位置上重新出现并扩大。2~3年之后，斑块中部草株存活，枯草斑块呈现蛙眼状环斑。多个斑块愈合在一起，使草坪总体上表现出不规则形的干枯症状。通常，染病狗牙根的根部和匍匐茎严重腐烂。坏死斑块中补播的新草生长仍然十分缓慢。病株的匍匐茎和根部产生深褐色有隔膜的菌丝体和菌核，有时在死亡的组织上还可观察到病原菌的子囊果。

④防治方法　种植抗寒的狗牙根品种，或改种多年生黑麦草、高羊茅和草地早熟禾。保证充足的肥料和氮、磷、钾肥的合理施用，特别强调铵态氮与钾肥的混合施用。用恶霉灵或根腐灵浇土和拌土处理，并结合绿杀5号等药剂处理，都可有效地控制病害。

(5) 灰斑病

①发病的适宜条件　灰斑病主要发生在高温多雨的夏季，最适的发病温度为25~30℃。病菌可随风、水、机械、动物等传播，过度使用氮肥或其他不利因素都可加重病情。另外，新建的草坪发病严重。

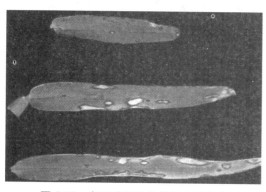

图4-21　灰斑病侵染叶片后出现的病斑

②感染草坪草　灰斑病主要侵染钝叶草、狗牙根、假俭草、雀稗等暖地型草坪草。

③发病症状　受害叶和茎上出现细小的褐色斑点，迅速增大，形成圆形至长椭圆形的病斑(图4-21)。病斑中部呈灰褐色，边缘呈紫褐色，周围或附近有黄色晕圈。天气潮湿时，病斑上有灰色霉层。严重发病时，病叶枯死，整个草坪呈现枯焦状，如遭受严重干旱。

④防治方法　种植抗病品种。避免偏施氮肥，增施磷、钾肥。早晨灌水，尽量灌深灌透，减少灌水次数。防止土壤紧实，保持草坪通风透光。适时使用代森锰锌、多菌灵、甲基托布津防治。

(6) 线虫病害

①发病的适宜条件　热带、亚热带气候条件下且砂质土壤上的草坪易受线虫危害。

②染草坪草　线虫可侵害各种暖地型草坪草。

③发病症状　部分茎叶组织卷曲、坏死；地下部分根系组织有肿瘤、畸形或腐烂。由于根部受害，地上部分的长势变差，耐旱、耐热能力变弱，常表现为植株矮小，开始时叶片呈淡绿色，逐渐变黄，似严重缺肥、缺水。形成的枯斑直径小的为5~6cm，大的可达150~160cm。线虫在一般情况下不直接导致草坪草死亡，但可严重影响草坪植物的生长，使草坪草生长停滞、失绿，在胁迫环境下发生萎蔫，且容易受到其他病害的侵染。只有当线虫的数量达到一定程度时，才会发生损害。

④防治方法　线虫位于草坪根部，防治较难，播种前在坪床上进行土壤熏蒸可有效杀除线虫，熏蒸剂有溴化钾、三氯硝基甲烷及二氯丁二烯等。在被害草坪上，每隔30cm挖穴，穴深15cm，每穴注入二嗪农或克线磷药液2~3mL，在施用药液之前，应对板结的土壤进行松土并清除枯草层。在春季返青后，用杀线虫剂可彻底杀除线虫。

项目4 草坪养护

任务分解

1. 草坪病害的类型诊断及症状识别

(1) 草坪病害的诊断

在发病草坪现场,以肉眼并借助手持放大镜仔细观察病株症状,综合考虑发病特点和周围环境因素的影响,对照文献资料,对草坪病害进行识别;首先判明草坪草表现的异常情况,是属传染性病害,还是非传染性病害,或者只是受到机械创伤。

(2) 草坪病害的识别

传染性病害有明显的传染现象,经历一个发病区域由点到面,发病植株由少到多的发展过程。有与病原菌传播方式相关的特点,有明显的症状,特别是在发病部位,可以看到病原菌的菌丝体或繁殖体,即病征。通过对发病症状、病征的观察记录,结合查阅相关文献资料,对草坪病害做出类型判断,以便进行对症下药进行防治。

非传染性病害因与某一管理措施或者环境因素相关而发生,与该因子的影响范围对应分布;没有传染现象,没有发病中心,也没有病征。常见的非传染性病害有寒害、热害、旱害、盐害、药害、营养要素的缺乏或过剩等。创伤则是机械伤害,如压伤、割伤、灼伤和虫伤等。此类病害一般不需要药物防治。

2. 草坪病害的防治

针对识别出的具体草坪病害,根据其病原的特点,采用提高养护管理质量,进行精细管理的养护措施进行防治;也可针对细菌性病原、真菌性病原分别采用不同的杀菌剂或几种杀菌剂的结合使用的化学防治方法进行防治。

任务实施

1. 场所、材料及用具(草坪主要病害调查与防治)

场所:学院草坪实训基地。

材料及用具:

实地调查所需用具:发生病害的草坪、镊子、笔记本、铅笔、放大镜、数码相机、标本夹等;

室内观察所需用具:病害挂图、标本、实物标本、照片、放大镜、显微镜、镊子、刀片、挑针、盖玻片、载玻片等;

防治试验所需用具:喷雾器、小型压力喷壶、常用杀菌剂(教师可根据情况选用,如多菌灵、百菌清、代森锰锌、三唑酮等)。

2. 方法及步骤

以小组为单位,在教师的指导下进行实训操作。

(1)现场调查

在草坪易发病的季节,组织学生到发病的草坪现场调查,采集病害标本,拍摄症状。针对调查的病害情况做出记录,记录内容如下。

①草坪状况调查 包括草坪类型(冷地型或暖地型)、品种、面积、长势、杂草情况、地势等内容。

②病害情况调查 包括病害类型(锈病、白粉病、褐斑病等)、发生面积、危害程度、主要病害种类等内容。

③防治情况调查 包括防治方法、杀菌剂应用情况(包括使用的品种、浓度、用药时间、次数、防治效果等)等内容。此项内容可向草坪管理人员咨询并结合现场观察来进行。

(2)室内鉴定

对于在现场难以识别的病害种类,需带进实验室,在教师的指导下,查阅有关资料,完成进一步的调查鉴定工作。

(3)防治试验

在每年易发生病害的草坪或在室内培养的草坪上,夏秋季节进行草坪病害药剂防治试验,对一种或几种草坪病害在发病初期采取不同的药剂处理(不同药剂、同一药剂不同浓度、喷药与不喷药),定期观察防治效果,并记录。

(4)农药喷施操作

①正确使用广谱性或者针对性杀菌剂防治病害,按照说明书要求,用合适浓度的杀菌剂喷施草坪;

②病害爆发前每隔15d喷施一次可以起到很好的防病作用,病害发生时喷施,可以防止病害继续加重,且能加速病原生物的死亡;

③喷施前,清洗喷雾器,戴上口罩与橡胶手套,穿长袖上衣、长裤、鞋子;

④用50%多菌灵粉剂根据实际具体病害,稀释500~1000倍喷施草坪,或者用75%百菌清可湿性粉剂,根据具体病害,按说明书进行稀释(1500~1900g粉剂可加水1050L稀释),稀释时,要兑水搅拌均匀;

⑤把稀释好的药剂装进喷雾器中,均匀喷施草坪,喷施到叶片往下滴水为度。

3. 要求

(1)实训过程认真,听从安排,保证出勤,有团队合作精神,能发现解决问题的新方法、新思路;

(2)能根据现场草坪的异常情况判断病害的类型,病害种类诊断正确;

(3)病害特征描述准确,记录详细;

(4)病害防治方法正确,选择药剂合理;

(5)防治措施得当,草坪病害得到明显控制;

(6)记录工作过程,整理形成报告。

考核评价

(1)理论考核:完成草坪主要病害调查与防治的实训报告,要求包括病害调查、诊断、防治的步骤与程序，以及注意事项。

（2）实践考核：现场考核草坪病害调查、诊断、防治各个环节是否正确以及符合实训要求，病害防治措施是否得当，并考核草坪病害的防治效果。

任务 4.5 虫害防治

草坪虫害是指各类昆虫取食草坪的根、茎、叶等营养组织或者刺吸草坪植株内的汁液，害虫取食草坪草植株有时还会传播病害。虫害不仅严重地降低了草坪的实用价值和观赏价值，而且能导致草坪早衰和毁坏。如何直观地识别草坪各种害虫种类，有针对性地采取防治措施，提高对虫害的防治效果十分重要。草坪虫害防治技术就是在了解草坪害虫的类型、生活习性、危害特点的基础上，通过植物检疫、栽培措施、生物防治、化学防治及综合利用各种方法进行草坪虫害防治的技术措施。

工作任务

【任务描述】

学习草坪害虫的种类，了解地上害虫、地下害虫、线虫，各种不同口器的害虫的生活习性、危害特点，并学习掌握害虫综合防治等相关理论知识。掌握虫口密度调查、虫害等级评价、农药选择、农药喷施等技能。调查一块草坪绿地，进行虫口密度调查。危害等级评价，使用杀虫剂对草坪绿地进行喷施，进行草坪害虫的化学防治。

【任务分析】

详见图 4-22。

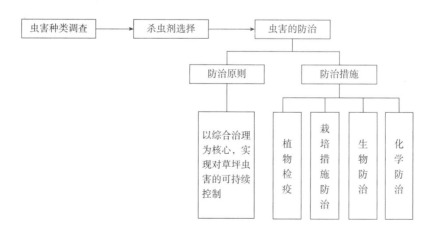

图 4-22　虫害防治任务分析图

知识准备

4.5.1 草坪害虫的分类及防治意义

依据害虫对草坪草的危害部位，可以把草坪害虫分为危害草坪草根部和根茎部的地下害虫和危害草坪草地上部分茎、叶、芽等的地上害虫。二者都直接以草坪草的植物组织为食，危害草坪。还有一些种类并不直接以草坪草为食，它们在土中钻洞筑巢、堆土、开隧道使草坪受到损害，如蚂蚁、蚯蚓等。

为了保证草坪优质、健康，就必须对有关害虫进行有效的识别和控制，实行"预防为主，综合防治"的方针，争取"早预防、早防治、少污染"，有效地杀灭害虫，保护草坪和人类生存的绿色环境。有效控制与预防虫害取决于对害虫的鉴别和对其生活习性的了解。

4.5.2 草坪虫害的防治原则和方法

草坪虫害的防治原则是"以综合治理为核心，实现对草坪虫害的可持续控制"。草坪虫害防治的基本方法有植物检疫、栽培措施防治、生物防治、化学防治。

（1）植物检疫

植物检疫是由检疫部门对国外或国内地区间引进或输出的种子、种苗等进行检疫，防止危险性病、虫、杂草种子输入，是从源头上进行预防的方法。

（2）栽培措施防治

栽培措施防治方法是在全面认识和掌握害虫、草坪植物与环境条件三者之间相互关系的基础上，运用各种栽培管理措施，降低害虫种群数量，增强草坪的抗虫抗逆能力，创造有利于草坪生长发育而不利于害虫发生的环境条件。该方法与常规的草坪管理措施结合，具有简便、易行、经济、安全的特点，但有时速度较慢。而诱杀和人工捕捉害虫是一种速度较快且有效的防治方法，利用害虫对光、温度和化学物质等的趋向性来防治害虫。如用黑灯光诱杀某些夜蛾和金龟子，用糖醋液诱杀地老虎，用高温或低温杀灭种子携带的害虫等。

（3）生物防治

生物防治是应用有益生物及其产物防治害虫的方法。如保护和释放天敌昆虫，利用昆虫激素和性信息素，利用病原微生物及其产物防治害虫，以及用植物杀虫物质防治害虫等。生物防治的优点是不污染环境，对人、畜安全，能收到较长期的防治效果。用生物农药防治害虫，已取得显著效果。

（4）化学防治

化学防治是化学药剂防治害虫的主要方法。该法具有高效、快速、经济和使用方便等优点，是目前防治害虫的主要方法。尤其在害虫发生的紧急时刻，往往是唯一有效的灭杀措施。但其突出的缺点是容易杀伤天敌、污染环境，使害虫产生抗药性和引起人、畜中毒等。因此，要选用对环境安全、对人畜无毒无害或低毒、低残留的药剂品种，并尽量限制和减少化学农药的用量及适用范围。

化学防治时必须做到对症下药,找准防治对象选择合适药剂防治;适时用药,在害虫低龄期用药,可达到高效、省药的目的;对夜出昼伏习性的害虫,傍晚施药要比早上效果好;准确掌握用药浓度和用量,采取恰当的施药方法,在水源充足的平地,可用大容量喷雾;在缺水的旱地,则用低容量或超低容量喷雾法或喷粉法;科学混用农药,扩大防治范围;交替用药,力求兼治。

4.5.3 草坪害虫杀虫剂

草坪虫害一旦大面积爆发,最简便、最廉价、效果最好的防治方法就是使用杀虫剂,下面对草坪虫害发生时常用的杀虫剂及其使用时的注意事项进行简单介绍:

4.5.3.1 草坪常见的杀虫剂种类

(1)乙酰甲胺磷

内吸剂,低毒,中残留。具有内吸、触杀、胃毒和一定的杀卵及熏蒸作用。防治蚜虫的效果非常明显。剂型为乳油和可湿性粉剂,用来喷雾。

(2)恶虫威

中等毒性,中残留。用来防治蛴螬和部分鳞翅目食叶害虫。

(3)甲萘威

广谱性氨基甲酸酯类杀虫剂,低毒,中残留。具胃毒和触杀作用,无内吸作用。在草坪上主要防治蜂类,如黄蜂和部分鳞翅目食叶害虫,如斜纹夜蛾,对介壳虫和螨类效果欠佳。为可湿性粉剂。

(4)氯吡磷

广谱有机磷杀虫剂,非内吸剂,中等毒性,中残留。防治部分地下害虫,对蛴螬有效,对小地老虎非常有效。

(5)二嗪磷(又称地亚农)

广谱有机磷杀虫剂,非内吸剂,中等毒性,中残留。具胃毒、触杀和熏蒸作用,对多种害虫有效。颗粒剂和喷雾施用。

(6)异丙三唑硫磷

有机磷杀虫剂,中等毒性,中残留。对地下和茎叶害虫均有效。喷雾施用。

(7)异丙胺磷

有机磷杀虫剂,中等毒性,中残留。对草坪地下害虫如蛴螬、长蟓有效。颗粒剂和喷雾施用。

(8)马拉硫磷(又称马拉松)

广谱性有机磷杀虫剂,残留期很短,高效、低毒,具胃毒、触杀和一定熏蒸作用。在草坪上多用来防治公害昆虫。低温时施用效果会有所下降。

(9)敌百虫

广谱性磷酸酯类杀虫剂,低残留,低毒,具胃毒和触杀作用。用来防治蛴螬和食叶鳞翅目害虫,对蚜虫和螨类效果差。

(10)毒死蜱

有机磷杀虫、杀螨剂,无内吸性,用于防治地下害虫。包括液体和固体颗粒两种剂型。

4.5.3.2 使用杀虫剂时的注意事项

所有的杀虫剂都是有毒的,只是毒性有大小,残留有多少的问题。所以必须正确使用杀虫剂,在施药的过程中必须注意人和动物的安全,并尽量减少对周围环境的污染,能不用尽量不用,虫害严重必须使用时也要做到以下几点:

(1)应尽量不用或少用化学药剂,只有在害虫对草坪危害严重时才进行化学药物防治。

(2)在使用化学药剂时,要严格按照标签上标明的使用方法和施用剂量进行操作。

(3)使用的药剂要做到妥善保管,存放在远离食物、动物饲料以及儿童和动物易接触到的地方。

(4)施用杀虫剂时,要注意防护,不要将药剂喷到人的皮肤上,要穿上干燥的工作服,戴上口罩、防护眼镜、胶皮手套或防毒面具再进行操作。

(5)在喷洒药剂前后几日内,应禁止人和动物进入喷药区,待药剂被水冲掉,草坪干燥后,才允许进入草坪,避免中毒。

(6)草坪管理人员在施用杀虫剂后,要将身体的裸露部分以及工作服等物品冲洗干净再进行正常活动,如饮水、进食等。

(7)用剩的化学药剂废液和容器等物要妥善处理,不要随便倒在周围环境中,在远离水源和居民居住区深埋为好,以减少对环境的污染。

(8)如果在施用药剂时,不慎将药剂喷到了人体或动物体上时,应立即用肥皂和水冲洗干净。如果发现药物中毒,应立即根据所用药剂的性质,口服一些解毒药剂,如有机磷杀虫剂的解毒药剂苏打水、硫酸阿托品、解磷定等;严重时送医院治疗。

4.5.4 草坪常见虫害及其防治

4.5.4.1 地下害虫的防治

草坪害虫很难防治是因为草坪是人类休闲活动的场所,杀虫剂的使用有更加严格的要求,不能使用有异味、高毒、高残留、有漂移污染的化学药剂。

地下害虫是害虫防治工作中的难点,由于它们栖息于土壤中,一般的防治方法对它们很难奏效,而它们的破坏作用往往是最严重的,造成植株枯死而完全失去价值。在草坪中也同样危害草坪草,使草坪草死亡而形成难看的秃斑,大大降低了草坪的使用价值,有时甚至使草坪完全破坏,不得不重播。其中,危害最严重的是地老虎、蛴螬和蝼蛄。

(1)地老虎

地老虎是鳞翅目夜蛾科害虫,又名地蚕,种类多、分布广、数量大、危害大。我国已发现有170多种(图4-23)。各地的地老虎都是几种混合发生的。

图 4-23 地老虎的幼虫和成虫

①对草坪的危害　低龄幼虫将叶片啃成孔洞、缺刻；大龄幼虫白天潜伏于草坪草根部的土中，傍晚和夜间切断草坪草近地面的茎部，致使其整株死亡，发生数量多时，往往会使草坪大片光秃。常见种类有小地老虎、黄地老虎、大地老虎等。

②防治方法　诱杀成虫可直接消灭成虫和降低成虫数量。

a. 以黑光灯诱杀成虫：利用成虫的趋光性，在成虫发生期设置黑光灯，灯下放置盛水的大盆，水面上加入机油或敌百虫等触杀性农药。每 50 亩安装 1 个 20W 黑光灯，置于约 1m 高处。应选择无月光、风速小、温暖的前半夜进行。

b. 以糖醋酒液诱杀成虫：配方为白酒∶清水∶红糖∶米醋 = 1∶2∶8∶4，调匀后加入 1 份 2.5% 敌百虫粉剂，放在盆里。天黑前放在草坪上，置于约 1m 高处，天明后收回。为保持诱杀液的味道和总量，可每晚加半份白酒，每 5~7d 更换一次诱杀液。

c. 用泡桐树叶诱杀幼虫：用较老的泡桐树叶，以水浸湿，每亩均匀放置 70~80 片叶，次日凌晨人工捕捉幼虫。

化学防治时用敌百虫或用 50% 辛硫磷 1 000 倍液、50% 甲胺磷 800 倍液、2.5% 溴氰菊酯 1000 倍液地面喷洒进行防治。

（2）蛴螬

蛴螬是鞘翅目金龟科幼虫的总称，是中、大型甲虫，触角鳃叶状，可活动，前足是开掘足，足胚节常变扁，外缘有齿和距，幼虫叫蛴螬，头黄色或褐色，体白色，呈"C"形（图 4-24）。金龟甲是蛴螬的成虫。

图 4-24　蛴　螬

①对草坪的危害　蛴螬大多出现在 3~7 月，栖息于土壤中取食萌发的种子造成缺苗，咬断或咬伤草坪草的根或地下茎，并且挖掘形成土丘，发生数量多时可使草坪上出现一丛一丛的枯草，严重影响草坪的美观。

多数金龟是昼伏夜出，以 20∶00~23∶00 活动最盛，占整个夜间活动总虫量的 90% 以上。多数种类成虫有趋光性，但不同种及雌、雄间差异很大。成虫有伪死性。牲畜粪、腐烂的有机物易招引成虫产卵。

②防治方法　诱杀防治可用黑光灯诱杀成虫。还可取长 20~30cm 的榆、杨、刺槐等的树枝，浸入 40% 氧化乐果乳油 30 倍液中，傍晚时插入草坪诱杀成虫。

化学防治可喷洒敌百虫、二嗪农、毒死蜱、50%辛硫磷乳油1000～1500倍液、40%乐果或氧化乐果乳剂800倍液，随后淋水让药液渗入土中毒杀蛴螬。也可每亩用3%呋喃丹3.5～5.5kg、3%甲基异硫磷颗粒剂5～7kg，与细沙混合均匀，撒施在草坪中，而后用水浇透毒杀蛴螬。

图4-25 蝼　蛄

（3）蝼蛄

蝼蛄属直翅目蝼蛄科不全变态害虫（图4-25）。全世界约有40种，我国常见种类有华北蝼蛄、非洲蝼蛄、普通蝼蛄、台湾蝼蛄等。蝼蛄的前足是开掘足，在草坪上形成土丘，若把草坪草拔起，可看出其对根部造成的伤害和变干的土壤。足肚节上有4个齿，附节上有2个齿，复翅短，后翅宽长，伸出尾端，产卵管不外露。蝼蛄喜欢在夜间活动，经常昼伏夜出。

①对草坪的危害　蝼蛄在土壤中咬食刚播种和发芽的草坪草种子，或把根及嫩茎、匍匐枝咬断，根茎部受害后成乱麻状，使植株发育不良或干枯失水而死，造成缺苗；在近地面活动时，会在土壤表层挖掘隧道，咬断根或根周围的土壤，使幼苗和土壤分离，造成植株干枯而死，发生数量多时，可造成草坪大面积枯萎死亡。

蝼蛄在土壤中15～20cm或更深处挖洞、筑穴，洞的直径为1.8cm。被蝼蛄危害的草坪有的被吃掉草根，使草变黄枯萎而死亡；有的由于其在土表打洞时将草拔起，此时从草坪走过会使人感觉蓬松发软。虽然通常造成的危害不大，但是对新播种或新栽培的具有匍匐枝的草坪危害较严重。

②防治方法　诱杀防治用黑光灯诱杀。每50亩安装1个20W黑光灯。毒饵诱杀利用蝼蛄对香、甜物质和马粪等未腐烂有机质有特别的嗜好，在煮至半熟的谷子、稗子、炒香的豆饼、麦麸及鲜马粪中加入一定量的敌百虫、甲胺磷等农药制成毒饵进行诱杀。

化学防治可喷施辛硫磷、西维因、50%甲胺磷800倍液、40%辛硫磷1000倍液或撒施3%呋喃丹颗粒剂后灌水。

4.5.4.2　地表及地上害虫的防治

草坪地表及地上发生的害虫主要通过咀嚼和刺吸来采食草坪草植株体组织和汁液，有时还能产生毒素，从而抑制草坪草的正常生长。这些害虫种类较多，并且容易流行，因此对其防治相对困难。

（1）黏虫

黏虫是鳞翅目夜蛾科害虫（图4-27），俗名夜盗虫、行军虫、天马等。分布极广，我国除西藏、新疆和甘肃兰州以西地区未发现外，其他各地均有发生。幼虫体长38mm，体色变化很大，呈灰绿色、黑褐色、淡黄褐色或淡黄绿色，当发生量多时体色常较深。头部有明显的网状纹和"Y"形纹，体表分布多条纵行线纹，中线白色，边缘有细黑线，背中线两侧各有两条红褐色纵线，近背面的较宽。腹面污黄色，腹足外侧具有黑褐色斑。幼虫粗壮，光滑无毛，淡黄褐色，3对腹足（图2-26）。

①对草坪的危害　黏虫主要在幼虫期危害草坪。黏虫幼虫食性很杂，最喜食禾本科作物或草坪草。低龄幼虫多食叶肉部分，使叶表面出现橘黄色斑点，或因叶肉被食，叶片表面被蛀食后呈剥离痕迹；4龄以后食量增加，开始从叶片边缘蚕食，形成缺刻；5、6龄时，幼虫进入暴食期，造成严重危害。幼虫取食多在夜晚进行，所以被称为夜盗虫。轻者造成草坪秃斑，重者造成大面积草坪被啃光。

幼虫　　　　　　成虫

图4-26　黏　虫

黏虫幼虫有隐蔽性，常居于植株下部、茎叶丛中或根部附近的土块下。有假死性，被触动时卷曲，坠落地面，片刻后又继续爬向植株或潜伏于土块下。有成群迁移的习性，吃光一个地区后成群迁移到新的地区，所以被称为行军虫。这种迁移多在下午进行。

②防治方法　诱杀防治用黑光灯诱杀成虫，方法同地老虎。以糖醋酒液诱杀成虫，方法同地老虎。

用稻草或麦草做成草把插入草坪中，诱集雌蛾产卵，然后处理草把消灭虫卵。

化学防治应在幼虫3龄前及时喷药防治。在幼虫发生期内喷洒敌百虫、辛硫磷、溴氰菊酯、西维因、40%乐果乳油1000倍液等进行防治。

（2）草地螟

图4-27　草地螟

草地螟为鳞翅目螟蛾科害虫（图4-27）。成虫体长2~8mm，翅展6~24mm；翅灰褐色，前翅有暗褐色斑，翅外缘有淡黄色条纹，中室内有一个较大的长方形黄白色斑；翅灰色，近翅基部较淡，沿外缘有两条黑色平行的波纹。卵为椭圆形，0.5mm×1mm，乳白色，有光泽。老熟幼虫体长19~21mm，头黑色有白斑，胸、腹部黄绿或暗绿色，有明显的纵行暗色条纹，周身有毛瘤。蛹长14mm，淡黄色。

①对草坪的危害　幼虫在枯草垫层或碎石上吐丝，作成隧道，白天隐蔽，夜间咬食草坪草叶片和根茎，3龄后幼虫食量大，可造成叶片缺刻、孔洞，仅留叶脉，使草坪出现褐色斑块。

②防治方法　利用黑光灯诱杀成虫，方法同地老虎。

喷洒敌百虫、毒死蜱、马拉硫磷、40%氧化乐果乳油1000倍液、50%甲胺磷800倍液、5%辛硫磷的2000倍液等。

一天中最好的防治时间是傍晚，此时幼虫出来觅食，会取得理想的效果。

（3）蝗虫

蝗虫属直翅目蝗科（图4-28），种类多，全身通常为绿色、灰色或黑褐色，头大，触角短；前胸背板坚硬，马鞍形，中、后胸愈合不能活动。后腿发达、强劲有力，外骨骼坚

图4-28 蝗虫

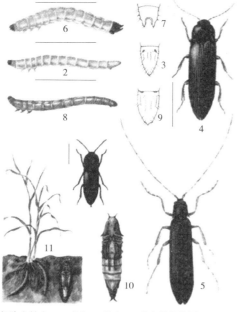

细胸金针虫：1.成虫 2.幼虫 3.幼虫尾部特征
沟金针虫：4.雌成虫 5.雄成虫 6.幼虫 7.幼虫尾部特征
褐纹金针虫：8.幼虫 9.幼虫尾部特征 10.金针虫蛹
11.金针虫为害状及在土内化蛹

图4-29 金针虫

图4-30 蚜虫

硬，善跳跃，胫骨有尖锐的锯刺。产卵器锥形，粗且短。

①对草坪的危害 喜取食草叶和嫩茎，大量发生时可将草全部吃光。一般白天取食，16：00～17：00为取食高峰，日落后取食少。在干旱年份、管理粗放的草坪上易发生蝗虫灾害。

②防治方法 诱杀防治用麦麸（米糠）100份+水100份+1.5%敌百虫粉剂2份混合拌匀进行诱杀。也可以进行人工捕捉。

化学防治用锐劲特、卡死克、50%马拉硫磷乳剂、40%氧化乐果乳剂1 000～1 500倍液喷雾防治；或者用2.5%敌百虫粉剂喷粉防治。

(4)金针虫

金针虫属鞘翅目叩头虫科，为叩头虫幼虫，以沟金针虫和细胸金针虫分布最广。成虫体细长，头尾圆形，多扁平(图4-29)。前胸背板两后端角尖或刺状后伸。细胸金针虫体长8～9mm，细长，密被淡黄色短毛，有光泽。沟金针虫体长16～18mm，密被金黄色细毛。体宽面扁干，深褐色或棕红色。细胸金针虫的老熟幼虫长23mm，腹部最后一节不分叉，圆锥形，近基部背面两侧各具一褐色圆斑。沟金针虫的老熟幼虫长20～30mm，金黄色，有细毛，最后一节分叉，叉内两侧各具一小齿。

①对草坪的危害 食性杂，啃食多种幼苗的根、嫩茎和萌芽初期的种子。对草坪的危害主要是取食草根和蛀入地下肉质茎，使根部逐步受损，形成斑块，造成枯萎斑，致使草坪草死亡。

②防治方法 播种草坪时可药剂拌种，亦可用药液灌根。如果在生长期每平方米有虫40只以上时，则可以使用甲基异柳磷乳油1000～1500倍药液浇灌。也可用药剂处理土壤，如用3%呋喃丹颗粒剂或5%辛硫磷颗粒剂直接施入土中根际，与覆土拌匀，薄覆一层。此虫有春季暴食习性，所以要加强春季的防治。

(5)蚜虫

蚜虫(图4-30)属同翅目蚜虫科，种类很多，危害草坪的蚜虫主要是指麦蚜。麦蚜包括麦长管蚜、禾谷缢管蚜、麦二叉蚜等。成虫无翅，体长1.5～2.5mm，腹部黄绿色或浅绿色；背面具绿色纵带，腹管短圆筒形，淡绿色，端部黯黑，触角和足端部黑色，尾片具5～6根毛。前翅的中脉分为2叉，触角第三节具4～10个感觉圈。卵呈椭圆形，约0.8mm，新产卵浅黄，几小时后转为绿色，几天后转为亮黑色。若虫4龄。

①对草坪的危害　麦长管蚜主要危害早熟禾、看麦娘、双穗雀稗、狗牙根等禾本科草坪草；麦二叉蚜主要危害雀麦、马唐、草地早熟禾等草坪草；禾谷缢管蚜主要危害雀麦、马唐、画眉草、看麦娘、早熟禾等草坪草。蚜虫通常以刺吸式口器取食使寄主衰弱，但麦二叉蚜分泌的唾液含有毒物质，破坏叶绿素，在叶片上造成黄斑，有毒唾液在寄主内迁移，利用酶破坏寄主细胞，会进一步使包括根系在内的整个寄主植株衰弱。大量蚜虫集中在褐斑块外缘的一窄圈植株上危害，时间可从春夏开始持续至秋天。严重时单叶片上可见10～50头蚜虫排成线在叶表取食。

②防治方法　可用触杀剂或内吸剂防治，如有机磷杀虫剂、恶虫威对蚜虫都有效。蚜虫易产生抗药性，可用菊酯类杀虫剂防治。草坪局部发生时，点喷即可。带有内寄生菌的草坪草品种对此虫有抵抗力。此外，瓢虫、草蛉、芽茧蜂、食蚜蝇、食蚜蜘蛛等为其主要天敌，应加以保护。蚜霉菌能抑制其发生。

（6）飞虱

飞虱（图4-31）属同翅目飞虱科害虫，为迁飞性害虫，体型细小，善跳跃，会飞，触角刚毛状，后足肚节末端有1个距。

图4-31　飞　虱

①对草坪的危害　飞虱可以危害多种草坪草，成虫和若虫均有危害，它们群集在草丛下部，主要用刺吸式口器吸食植物的汁液，消耗植物的养分，从而阻碍植物的生长，危害严重时可能全株枯萎。温度过高或者过低时皆生长发育不良，只有温度适中且湿度大时才会生长发育良好。成虫有趋光性，天敌种类也多。

②防治方法　选择对飞虱有抗性或耐害性的草坪草建植草坪；也可用25%爱卡士乳油800～1000倍液、50%叶蝉散乳油1000～1500倍液、20%好年冬乳油2000～3000倍液在若虫孵化期和成虫迁飞期喷施；也可利用天敌来防治。

4.5.4.3　其他害虫及有害动物

有些昆虫并不直接危害草坪，但它们在草坪上活动，挖出土丘，形成土堆，破坏草坪的一致性，如蚂蚁、鼹鼠等。有的排泄物堆在草坪上，破坏草坪的美观。

（1）蚂蚁

蚂蚁（图4-32）属膜翅目蚁科社会性昆虫，群居于穴巢内，能筑巢堆土。

①对草坪的危害　不直接危害草坪，但群居于草坪上时，会在地表形成土堆，破坏草坪的一致性，在刚播种的地方，还会搬走种子。由于蚂蚁的筑穴和打洞，往往使草坪草的根裸露而死亡。蚂蚁有堆土习性，在洞口筑成蚁山，使草坪上形成许多小土堆，影响草坪

图 4-32　蚂　蚁

的美观。

②防治方法　一般不需进行防治,在管理精细的草坪上,当蚂蚁活动严重影响到草坪的美观和使用时可用药物进行防治。常用药剂有辛硫磷、灭蚁灵、灭蚁清等。

(2)螨类

螨类属蛛型纲蜱螨目,以刺吸式口器吸食草坪草的汁液为食,体型较小,圆形或卵圆形,螨、若螨皆4对足,有性二型现象。

①对草坪的危害　螨类可危害早熟禾、羊茅、雀稗、黑麦草等多种草坪草,在春秋两季吸取寄主汁液,被害叶先呈白斑,而后变黄,造成植株矮小,重则整株干枯死亡。在秋季,被害草坪草的抗寒性严重减弱。成虫和若虫均有聚集性和假死性,在中午气温比较高时虫量减少,其余时间则虫量较多,天黑后多潜伏于草坪草的根基。在下雨时或露水较大时很少活动,喜干燥,会随风传播蔓延,流水是远距离传播的主要方式。

②防治方法　可采取适量灌水的方式来防治,既可杀死害虫,也可促进草坪草的生长,增强抵抗力;在虫口密度大时,可用机械耙草坪,以杀死虫体;也可在白天喷施二嗪磷、马拉松、毒死蜱等进行防治。

(3)蜗牛类

蜗牛(图4-33)属腹足纲柄眼目蜗牛科,体外有较硬的螺壳,扁圆形,黄褐色,头上有两对触角,眼在触角顶端,口在头部腹面,足较宽,在身体腹面。

①对草坪的危害　蜗牛具多食性,主要危害苗期白三叶、小冠花等豆科草坪草,幼虫吸食叶肉,长大后啃食草坪草的叶、茎,造成孔洞或缺刻,严重者将苗咬断,造成草坪稀疏。蜗牛在草根或枯草层下等潮湿阴暗处越冬,适应温暖湿润的气候,在干旱季节则可不吃不喝或白天潜伏而夜间活动,等干旱过后才开始活动,如遇大雨,可昼夜活动危害。

②防治方法　可用灭蜗灵、蜗牛敌等喷施;放毒饵食诱;也可去除枯草层,撒上石灰粉;还可将氨水稀释70~100倍液喷洒;也可人工捕捉或诱捕,用树叶、杂草、菜叶等作诱集堆,于天亮前收集藏在其下的蜗牛;

图 4-33　蜗　牛

用天敌也可防治。

（4）蚯蚓

蚯蚓（图4-34）属环形动物门，不是昆虫。终年生活在草坪区的土壤中，一般喜欢生活在潮湿低温、有机质含量高的土壤里。

①对草坪的危害 在土壤中打洞，摄取土壤、植物的落叶、根和其他物质的碎片等，然后爬到土表大量排泄，使草坪表面形成许多凹凸不平的小土堆，影响草坪的美观。但蚯蚓的

图4-34 蚯蚓

这种功能同时又是有益的，它能疏松和肥沃土壤。草坪上有些蚯蚓的存在对草坪草的生长是有利的。但当蚯蚓栖居达到一定的数量时，就会造成危害，导致草坪凹凸不平、变得泥泞，妨碍使用，甚至引起草坪的退化。

②防治方法 当草坪上蚯蚓数量多而造成危害时，才进行防治。由于蚯蚓采食的范围是整个土壤，活动面广，而深度又可达到草根，所以较难防治。目前防治蚯蚓较为有效的杀虫剂是亚砷酸钙。也可应用茶麸驱赶蚯蚓，然后收集处理。

任务分解

1. 草坪虫害的类型诊断及症状识别

（1）草坪虫害的诊断

在发病草坪现场，以肉眼并借助手持放大镜仔细观察害虫及发病症状；根据其形态特征及危害特点进行诊断，初步判明属地上害虫还是地下害虫，属食根害虫、食叶害虫还是蛀干害虫，为下一步防治方法的选择提供依据。

（2）草坪虫害的识别

在发病草坪现场，对于被害特征明显、现场容易识别的病虫种类可以当场鉴定确认，如食叶类害虫、蛀干类害虫等。对于地下害虫，需要挖掘土壤，挖出害虫后再进行识别；或者根据其危害的特点，进行分析判断。对于难以识别或新出现的病虫种类，则需带进实验室，在教师的指导下，查阅相关资料，完成进一步的调查鉴定工作。

2. 草坪虫害的防治

针对识别的具体草坪害虫的类型、生活习性及危害特点，可分别采用植物检疫、栽培措施防治、生物防治、化学防治的方法进行防治，或者多种方法综合应用来进行防治。

任务实施

1. 场所、材料及用具

场所：学院草坪实训基地。

材料及用具：

实地调查所需用具为：发生虫害的草坪、毒瓶、捕虫网、标本采集袋、数码相机等；

室内观察所需用具为：挂图、草坪害虫标本、照片、实地采集的活体害虫；

防治试验所需用具为：喷雾器或小型压力喷壶及常用杀虫剂。

2. 方法及步骤

5~6人为一小组，在教师的指导下进行实训操作。

(1) 现场调查

教师组织学生到发生虫害的草坪现场调查，观察草坪害虫危害症状、危害程度、害虫形态，采集病害标本，拍摄害虫危害症状(实地调查可结合病害调查一起进行)。针对调查的虫害情况作出记录，记录内容如下：

①草坪状况调查 包括草坪类型(冷地型或暖地型)、品种、面积、长势、杂草情况、地势等内容。

②虫害情况调查 包括害虫类型(地下害虫、食叶害虫或刺吸害虫)、发生面积、危害程度、主要害虫种类等内容。

③防治情况调查 包括防治方法、杀虫剂应用情况(包括使用的品种、浓度、用药时间、次数、防治效果等)等内容。此项内容可向草坪管理人员咨询并结合现场观察来进行。

(2) 室内鉴定

对于在现场难以识别的害虫种类，需带进实验室，在教师的指导下，查阅有关资料，完成进一步的调查鉴定工作。

(3) 防治试验

在发生虫害的草坪上，结合现场草坪害虫的识别与危害症状观察，对某一种或几种害虫，在药剂防治的适期采取不同的药剂处理(不同药剂、同一药剂不同浓度、喷药与不喷药)，定期观察防治效果，并记录。

(4) 农药喷施操作

①根据调查鉴定的结果选择杀虫剂。

②戴上口罩、手套，穿戴严实，把杀虫剂倒进水桶中，按说明书要求，倒入适量的清水，搅拌均匀。

③清洗好喷雾器，把稀释好的药剂倒进喷雾器中。

④均匀喷施(或者浇灌)草坪。

⑤清洗器具。

⑥喷施后1周内再次调查，验证害虫防治效果，决定是否要再次喷药防治。

3. 要求

(1) 实训过程认真，听从安排，保证出勤，有团队合作精神，能发现解决问题的新方法、新思路；

(2) 能根据现场草坪的异常情况判断虫害的类型，虫害种类诊断正确；

(3) 虫害特征描述准确，记录详细；

(4) 虫害防治方法正确，选择药剂合理；

(5) 防治措施得当，草坪虫害得到明显控制；

项目4 草坪养护

(6) 记录工作过程，整理形成报告。

考核评价

(1) 理论考核：完成草坪主要虫害调查与防治的实训报告，要求包括虫害调查、诊断、防治的步骤与程序，以及注意的事项。

(2) 实践考核：现场考核草坪虫害调查、诊断、防治各个环节是否正确以及符合实训要求，虫害防治措施是否得当，并考核草坪虫害的防治效果。

任务 4.6 杂草防治

草坪杂草就是指草坪上除了目标建坪草种之外的所有草本植物。由于管理上的原因，杂草经常会入侵草坪。草坪杂草入侵和蔓延，一方面引起目标草种的退化；另一方面还会引起病虫害的发生；而且还与草坪争光、水、肥、空间，使草坪的观赏性和功能性迅速下降。草坪杂草防治技术就是在了解当地草坪杂草的主要种类、危害程度的基础上，通过人工拔除、生物防治、化学防治及综合利用等方法防除杂草的技术措施。

工作任务

【任务描述】

学习草坪杂草的分类，杂草的危害机理及其综合防治等相关理论知识；掌握草坪杂草调查方法与技能，掌握草坪杂草综合防治技能，重点掌握正确使用除草剂对草坪杂草进行化学防治。

对一块受到杂草侵袭的草坪进行杂草综合防治，重点进行除草剂喷施作业。

【任务分析】

详见图4-35。

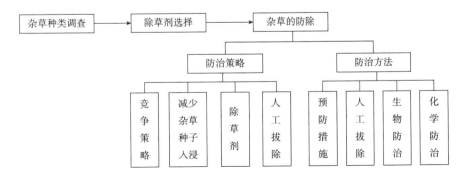

图4-35 杂草防治任务分析图

知识准备

4.6.1 草坪杂草的定义

凡是生长在人工种植的土地上，除目的栽培植物以外的所有植物都是杂草。草坪杂草是草坪上除栽培的目的草坪植物以外的其他植物。

由于草坪的类型、使用目的、培育程度不同，草坪草与某些杂草之间可相互转化，在某些情况下本身能形成良好的草坪，属草坪草；而在其他草坪草建植的草坪中，则会变成草坪杂草而应予以灭除。如匍匐剪股颖建植高尔夫球场时是优良草种，但混入草地早熟禾草坪时，则因构成斑块而需要防除，即杂草的概念具有相对性。有些植物，如狗尾草、马唐、蒲公英、车前草等由于其本身各方面都不具备草坪草的特点和要求，不论在哪种草坪中都是杂草。

杂草损害草坪的整体外观，并与草坪草竞争阳光、水分、矿物质和空间，降低草坪草的生活力。

4.6.2 草坪杂草的分类

4.6.2.1 按生命周期分类

（1）一年生杂草

一年生杂草的生活周期在一年内完成。一般在春季4~5月萌发，夏季6~8月是其生长旺盛期，也是其主要危害期，秋季开花结实然后死亡。如一年生早熟禾、马唐、稗草等。

（2）二年生杂草

二年生杂草的生活周期在两年内完成。一般在秋季萌发生长，以幼芽越冬，第二年春季返青，春末夏初迅速生长，而后开花结实，待种子成熟后枯死，其主要危害期为春季、秋季。如黄花蒿、牛蒡、益母草等。

（3）多年生杂草

多年生杂草的生活周期在3年或3年以上的时间完成，既可通过种子繁殖又能以根茎等营养器官繁殖。因营养繁殖的方式不同，又可分为匍匐根状茎类，如狗牙根等；地下根状茎类，如芦苇、蒲公英、车前草等。多年生杂草抗药性强且不易除尽，一般多在春季萌发，夏秋季生长旺盛，晚秋至冬季地上部分枯萎，危害期为5~9月。如车前草、白茅、香附子等。

4.6.2.2 按植物对除草剂的敏感性分类

（1）禾草

禾草属于禾本科植物，主要形态特征为叶片狭长，叶脉平行，无叶柄；茎圆形或扁性，分节，节间中空。如马唐、稗草、牛筋草、狗尾草等。

(2) 莎草

莎草属于莎草科植物，其叶片形态与禾草相似，但叶片表层有蜡质层，较光滑；茎三棱、不分节、实心。如香附子、异型莎草等。

(3) 阔叶型杂草

阔叶型杂草包括双子叶的杂草和部分单子叶杂草，主要形态特征为叶片宽大，有柄；茎常为实心。如反枝苋、苘麻、马齿苋、荠菜等。

4.6.2.3 按生存环境分类

(1) 旱生型杂草

旱生型杂草指比较耐干旱的环境中，在少水和无水条件下均能生长的杂草类型，也是最主要的一种杂草类型。如马唐、苦菜等。

(2) 湿生型杂草

湿生型杂草指要求生长环境中土壤湿润度较大的杂草类型。如双穗雀稗、空心莲子草等。

(3) 沼生型杂草

沼生型杂草指生长环境要求土壤水分适中的杂草类型。如异型莎草、鸭舌草等。

(4) 水生型杂草

水生型杂草指生长环境要求必须有水的杂草类型。如眼子菜、水莎草等。

4.6.3 草坪杂草的危害

草坪杂草要及时防除，如任由其在草坪内生长，就会对草坪和人、畜产生巨大的损害，具体表现在以下几个方面：

(1) 影响草坪草的正常生长，损害草坪的均一性

草坪杂草的生长必然会与草坪草竞争阳光、养分、空气和生存空间，且草坪杂草适应性强，生长迅速，如任由其生长，会损害草坪的均一性，久而久之，还会替代所栽培的草坪植物，引起草坪退化。同一类型草坪在不同土壤条件、不同季节会有不同的杂草入侵，如春季的蒲公英、车前草、香附子等；雨季的曼陀罗、苋菜等；夏季的狗尾草、藜等。它们都能在适宜的环境下迅速入侵草坪，从而增加养护费用和养护强度。

(2) 是病虫的宿主和传播病虫害的载体

很多病虫害利用杂草的地上部分进行繁殖、越冬，且随杂草的蔓延而扩散。如苦苣菜、车前草可寄存蚜虫、地老虎等害虫；狗尾草可寄存褐斑病。

(3) 伤害人、畜

有些杂草的种子、乳汁和气味之中含有毒素，如罂粟花、曼陀罗、毒麦、猪秧秧等。有些杂草的芒、叶、茎、分枝等较尖锐，很容易刺入人、畜体内，如针茅的茎。还有些杂草的花粉和气味容易使人过敏或诱发疾病，如豚草可导致呼吸器官过敏，诱发哮喘病。

4.6.4 草坪杂草的综合防治

杂草是引起草坪外观质量和功能质量退化的主要因素之一，在预防和防治草坪杂草时

除了使用化学防除和物理防除法外，在建植草坪时还应选择适宜当地环境条件的草坪品种，遵循草坪建植程序，采纳促进草坪健康生长的管理措施等，尽量减少或去除杂草发生和生长的条件；一旦出现杂草，必须及时迅速地去除，以免其扩散，增加养护成本。防除杂草的基本方针是"预防为主，综合防治"，对草坪杂草一定要"除早"、"除小"、"除了"，防止其大面积发生。

4.6.4.1 防治策略

（1）利用自然竞争的原理，创造有利于草坪草生长而不适于杂草生长的环境。如适时、适当高度修剪草坪。

（2）减少杂草种子入侵的机会，如建坪时使用不含杂草种子的种子和种苗；对草坪的床土熏蒸处理，防止杂草种子萌发、生长。

（3）杂草数量较多时使用除草剂防除。

（4）在苗期和数量不大时可进行人工拔除。

4.6.4.2 防治方法

杂草防治是草坪建植和养护的一项长期艰巨的重要工作，发生前采取有效的预防措施，发生后采用合适的防治措施：

（1）预防措施

草坪播种前应对土壤进行处理杀灭杂草种子。在草坪草品种选择上，要因地制宜选择优质、竞争力强的草坪品种，适地适草，增强与杂草的竞争力。在种子使用前，应加强种子检疫。如果是用营养繁殖法建坪，要将草皮或草茎等材料中的杂草清除干净。播种时应选择好播种时间。还可在播种时加大播种量，提高草坪草的竞争力。

加强草坪草的日常管理，使其生长健壮，提高其竞争能力。在杂草发生初期及时拔除，预防其蔓延。有些杂草不耐修剪，可定期修剪，控制其生长，合理设置修剪留茬高度，有效控制杂草。

（2）防治措施

人工拔除在我国广泛使用，见效快，但不适合大面积作业，在拔除过程中会对草坪造成一定的损伤。有时还出现杂草根系残留在土壤中，易再次萌发。拔除的杂草要及时运离草坪，避免复活。

生物防治是指利用有益昆虫、微生物等来控制和消灭杂草，同时也可利用植物种间竞争，用某种植物的良好生长来控制另一种植物的生长。

化学防治是指利用化学除草剂进行草坪杂草防治。化学防治费用低，劳动力强度不大，适于机械化大面积作业，但除草剂选择或剂量控制不当时，会给草坪草的正常生长发育造成危害，也会造成环境污染。

不管采用何种防治方法，都应在杂草结籽之前进行，杂草种子一旦成熟散落，防治效果就会大打折扣。

4.6.5 除草剂在杂草防治中的应用

除草剂是大面积防治杂草危害最有效、最经济、最方便的方法，自发现以来大量生产并大面积使用。目前世界上许多化学公司竞相开发新的除草剂，一系列除草剂新品种雨后春笋般地出现并被广泛应用，将杂草防除技术提高到了新的水平，引起了耕作栽培制度的深刻变革。目前，除草剂已具备多品种、多剂型、超高效、低剂量的特点。

4.6.5.1 除草剂的类型

（1）按除草剂使用时间分类

①芽前除草剂　芽前除草剂是指在目标杂草发芽前施用的除草剂。如氟草胺、地散磷、呋草黄等。

②芽后除草剂　芽后除草剂是指在杂草发芽后使用的除草剂。如甲胂钠、拿草特等。

（2）按除草剂对杂草的作用范围分类

①选择性除草剂　选择性除草剂是指只伤害杂草，而不伤害草坪草，甚至只杀死某一种或某类杂草，不损害其他植物或杂草的具有选择性作用的药剂。如拿扑净、稳杀得、苯达松、敌稗等。

②灭生性除草剂　灭生性除草剂是指对植物没有选择性，草苗不分，只要喷洒，所喷植物全部被杀死的药剂。如草甘膦、硫酸铜、克无踪等。

（3）按植物对除草剂的吸收状况分类

①触杀型除草剂　触杀型除草剂是指在接触植物后，只伤害接触部位，而不在植物体内进行传导，起到局部触杀作用的一种除草剂。如敌稗、杂草焚等。

②内吸型（传导型）除草剂　内吸型除草剂是指能够被植物茎、叶或根部吸收并能在植物体内传导的一种除草剂。如 2,4-D 丁酯、拿扑净、稳杀得、草甘膦等。

需要指出的是，除草剂的分类不是绝对的，而是相对的。如草甘膦，它既属灭生性除草剂，又属内吸型除草剂；而同样是灭生性除草剂的克无踪，却也是触杀型除草剂，在使用除草剂时应灵活运用。

4.6.5.2 除草剂的选择

草坪除草剂既能防除杂草，也会伤害草坪。使用除草剂的目的是防除杂草、保护草坪，从而改善草坪的生长环境。要利用除草剂的长处，克服其不足，就涉及怎样用好除草剂的问题。

目前所有除草剂中只有 10% 左右可用于草坪除草。除了应用非选择性除草剂进行局部处理或草坪重建以外，草坪除草剂必须在草坪群落内有效地控制杂草而不伤害草坪植物。因此正确选择除草剂是草坪化学除草的关键。

草坪除草剂的选择原则是针对不同杂草，选用高效、低毒、无残留、环境污染低的除草剂，并结合正确的施用方法防除杂草。在选择除草剂时，主要根据草坪种类、草坪不同生育期、杂草种类、杂草不同生育期及环境的要求选用。在杂草防除工作中要做到对症下药、适量用药、适时用药并加强栽培养护管理。

4.6.5.3 除草剂的使用方法

（1）叶面喷药

叶面喷药是将药剂直接喷洒到植物体表面上，通过植物体表的吸收起到杀灭的作用。一般在杂草出苗后进行，处理时药剂要均匀喷洒到叶片、茎秆上。除草剂选用时要选择对人、畜安全，选择性强的内吸型除草剂。喷药应选择晴朗无风的天气进行，喷药后如遇下雨应考虑重新喷药。

（2）土壤处理

对于大多数杂草来说，进行土壤药物处理的防治效果更好些。土壤处理就是将各种除草剂通过不同的方法施放到土壤中，使一定厚度的土壤含除草剂，并通过杂草种子、幼苗等的吸收而杀死杂草。土壤处理可与建坪前的坪床整地、播种一起进行，具有省工、减少污染、操作简便等优点，是草坪杂草防除的主要方法。土壤处理一般在草坪播种前或刚播种后进行，这时杂草正处于萌动时期。易吸收药剂且生命力弱，所以防治效果好。

4.6.5.4 常用的草坪除草剂

除草剂对防治草坪杂草功不可没，但是除草剂的种类繁多，作用植物各异，使用前一定要熟悉各种除草剂的特性，知道可以在什么样的草坪上应用，主要对哪些杂草具有较好的杀除效果。同时还要掌握正确的使用方法，如防除夏季杂草，要在春季施药；防除冬季杂草，秋季施药效果最佳。土壤湿度对芽前除草剂的防效影响很大，施药后灌溉能增加芽前除草剂的活性，使药剂在土壤表层形成封闭层，阻止杂草出土，使药剂迅速到达土壤根系分布层，减少有效成分的挥发或降解。芽前除草剂通常需要重复用药。当暴露在环境中时，除草剂就会降解，不能达到抑制杂草种子萌发的作用。重复用药的间隔一般是8～10周，以便延长杂草防除的有效期。1次用药药效不能持续整个杂草种子萌发期，可以分成2次使用，通常第二次的使用量是第一次的一半。在使用除草剂时，必须注意风向，顺风方向有其他不同作物或风太大时，最好不喷，如确实要喷，喷头必须带有防护罩，离地面越近越好，以免随风飘移到附近其他作物造成药害。表4-3对一些常见草坪除草剂的名称、类型及主要防治的对象，各种除草剂在不同时期对不同杂草施用时的效果进行简要介绍。

表4-3　常见草坪除草剂（杨凤云、刘云强，2011）

除草剂名称	除草剂类型	防治的杂草	耐药的草坪草
呋草黄	芽前除草剂	马唐、稗、金狗尾草、繁缕、马齿苋等	黑麦草、狗牙根
恶草灵	芽前除草剂	牛筋草、马唐、早熟禾、稗、芒稷、碎米荠、粟米草、马齿苋、藜、婆婆纳等	黑麦草、草地早熟禾、狗牙根、钝叶草、草地羊茅、结缕草等
环草隆	芽前除草剂	马唐、看麦娘、稗、止血马唐、金狗尾草	草地早熟禾、草地羊茅、无芒雀稗、黑麦草、剪股颖等
绿茵1号	芽前除草剂	马唐	狗牙根、结缕草等
氟草胺	芽前除草剂	马唐、稗、金狗尾草、蟋蟀草、芒稷、多花黑麦草、蒺藜草、粟米草、蒿蓄、早熟禾、马齿苋等	草地早熟禾、黑麦草、假俭草、草地羊茅、细叶羊茅、结缕草、狗牙根、钝叶草、邵氏雀稗等
乙草胺	芽前除草剂	牛筋草、马唐、苋、藜等	马尼拉草、结缕草等
五氯酚	芽前除草剂	马唐、看麦娘、稗、芒稷、早熟禾、狗牙根、繁缕、蓼	早熟禾、黑麦草、羊茅、钝叶草、假俭草、结缕草等

(续)

除草剂名称	除草剂类型	防治的杂草	耐药的草坪草
灭草隆	芽前除草剂	一年生禾草、白车轴草、酢浆草、马唐等	马蹄金
地散磷	芽前除草剂	马唐、金狗尾草、稗、早熟禾、藜、芥菜、宝盖草等	草地早熟禾、结缕草、粗早熟禾、匍匐剪股颖、黑麦草、钝叶草、苇状羊茅、细叶羊茅、小糠草、狗牙根、邵氏雀稗、马蹄金、假俭草等
旱草丹	芽前除草剂	马唐、看麦娘、早熟禾、石竹科杂草、莎草科杂草	除剪股颖草坪外所有草坪
芽根灵	芽前除草剂	马唐、止血马唐、婆婆纳、一年生早熟禾	狗牙根、草地早熟禾
除草醚	芽前除草剂	马唐、牛筋草、狗尾草、灰菜等	马尼拉草、结缕草
黄草伏	芽前除草剂	一年生杂草及香附子	早熟禾、黑麦草、假俭草、羊茅、结缕草、狗牙根等
敌稗	芽前除草剂	稗、马唐、马齿苋、看麦娘、蟋蟀草、蓼等	美洲雀稗、草地早熟禾、多花黑麦草、野牛草、假俭草、羊茅、钝叶草、结缕草等
敌草索	芽前除草剂	马唐、一年生早熟禾、美洲地锦、稗、金狗尾草、大戟、牛筋草	所有草坪草,除球穴区修剪较高的剪股颖
草乃敌	芽前除草剂	大多数禾本科杂草	仅除个别暖地型草坪草
西玛津	芽前除草剂	一年生早熟禾、小盆花草、马唐、耕地车轴草、宝盖草、稗、金色狗尾草	狗牙根、钝叶草、结缕草、野牛草、地毯草
五氯酚	芽前除草剂	马唐、稗、看麦娘、早熟禾、狗牙根、蓼、牛繁缕等	黑麦草、假俭草、羊茅、结缕草、狗牙根、钝叶草
拿草特	芽后除草剂、选择性除草剂	莎草、早熟禾、野燕麦	狗牙根
涕内酸	芽后除草剂、选择性除草剂	草地早熟禾、多年生黑麦草、细羊茅、高羊茅及一年生早熟禾	马唐、牛筋草、稗、狗尾草等大多数一年生禾本科杂草
甲胂一钠	芽后除草剂、选择性除草剂	马唐、止血马唐、毛花雀稗、香附子莎草等	结缕草、钝叶草、剪股颖、紫羊茅等
莠去津	芽后除草剂、选择性除草剂	狗尾草、稗草、马唐、莎草、看麦娘、蓼、藜等	钝叶草、假俭草、结缕草
甲胂钠	芽后除草剂、选择性除草剂	马唐、止血马唐、毛花雀稗、香附子莎草等	钝叶草、假俭草、剪股颖、细叶羊茅等

(续)

除草剂名称	除草剂类型	防治的杂草	耐药的草坪草
绿茵5号	芽后除草剂、选择性除草剂	牛繁缕等常见阔叶杂草	马尼拉草、结缕草
磺草灵	芽后除草剂、选择性除草剂	稗、藨蓄、看麦娘、野燕麦、马唐、酸模等	钝叶草
骠马	芽后除草剂、选择性除草剂	马唐、稗、看麦娘、牛筋草、石茅高粱等	草地早熟禾、黑麦草、细叶羊茅等
草多索	芽后除草剂、选择性除草剂	一年生早熟禾	禾本科草坪
2,4-D丁酯	芽后除草剂、选择性除草剂	猪殃殃、水苏、田旋花、碎米荠、毛茛、野胡萝卜、菊苣、委陵菜、车轴草、蒲公英、野芝麻、马蹄金、皱叶酸模、老鹳草、宝盖草、藜、天蓝首苜蓿、蒺藜、马齿苋、荠菜、婆婆纳、独行菜、车前、酢浆草等阔叶杂草	单子叶草坪草
麦草畏	芽后除草剂、选择性除草剂	猪殃殃、水苏、田旋花、碎米荠、毛茛、野胡萝卜、菊苣、委陵菜、车轴草、蒲公英、野芝麻、马蹄金、皱叶酸模、老鹳草、宝盖草、藜、天蓝首苜蓿、蒺藜、马齿苋、荠菜、婆婆纳、独行菜、车前、酢浆草等阔叶杂草	单子叶草坪草
二甲四氯丙酸	芽后除草剂、选择性除草剂	猪殃殃、水苏、田旋花、碎米荠、肉根毛茛、野胡萝卜、繁缕、卷耳、菊苣、委陵菜、车轴草、蒲公英、野芝麻、马蹄金、老鹳草、荠菜、独行菜等阔叶杂草	单子叶草坪草
苯达松	芽后除草剂、选择性除草剂	荠菜、苋、婆婆纳、碎米莎草等阔叶杂草	单子叶草坪草
茅草枯	非选择性除草剂	禾本科杂草、莎草科杂草、阔叶杂草	无
杀草强	非选择性除草剂	禾本科杂草、莎草科杂草、阔叶杂草	无
敌草快	非选择性除草剂	阔叶杂草和禾本科杂草	无
草甘膦	非选择性除草剂	禾本科杂草、莎草科杂草、阔叶杂草	无

4.6.5.5 除草剂的使用

除草剂的种类非常多，使用时一定要谨慎，选择合适的除草剂种类、施用方法和用量，避免造成药害。一般来说，草坪杂草在一年中发生的先后顺序一般为双子叶杂草先发生，尤其是二年生和多年生杂草，然后是单子叶杂草，最后发生的又是双子叶杂草，所以在防治时要根据杂草的发生规律采取相应的防治措施。为防除方便，把草坪杂草分为一年生杂草、多年生杂草和阔叶杂草3种类型。其化学防除方法如下：

(1) 一年生杂草化学防除

一年生杂草主要为一年生禾草和少数莎草。对于一年生杂草，一般选用芽前除草剂灭除，施药时间以夏季为宜。在杂草种子发芽前的1~2周用芽前除草剂处理土壤，形成毒药层，防止杂草萌发。一般情况，每个生长季节施药2次效果较好，能起到防治和巩固的效果。常用的除草剂有环草隆、地散磷、恶草灵、氟草胺等。如果个别杂草如马唐、一年生早熟禾等偶尔逃避除草剂的作用而萌发，就只有进行芽后防除，也一定要在芽后生长早期进行。可选用的除草剂有骠马、甲胂钠等有机砷除草剂。

(2) 多年生杂草化学防除

多年生杂草主要为多年生禾草和少数莎草。与草坪草相似，防除难度大，稍有不慎就会伤及草坪草。防治时也可参照一年生杂草防除进行芽前土壤处理。对多年生单子叶杂草，多采用非选择性除草剂，对杂草植株喷施杀灭。常用的除草剂有草甘膦、百草枯等。视草坪草及草坪杂草种类，在有些情况下生长期可采用选择性除草剂处理。如在禾本科草坪上防除阔叶杂草，可选用2,4-D丁酯、苯达松、麦草畏等双子叶植物除草剂；在阔叶草坪上防除禾本科杂草，可选用烯禾定、吡氟禾草灵等单子叶植物除草剂。

(3) 阔叶杂草化学防除

阔叶杂草既有一年生杂草也有多年生杂草。阔叶杂草是除草剂杀灭的主要对象，收效快且不伤害草坪草。在生产中使用选择性除草剂施于杂草叶表。选择气温在18~29℃、杂草幼小多汁生长旺盛时进行效果最好，施药期间不修剪以保证有足够的叶面积接触除草剂。施用颗粒状除草剂时，草叶面应湿润，施药后8~24h内不宜灌水。杂草死亡需要1~4周，因此第二次施药至少在第一次施药后的2周之后进行。可选用的除草剂有2,4-D丁酯、二甲四氯丙酸、麦草畏、苯达松等。

4.6.5.6 常见草坪杂草

(1) 一年生杂草

①野稗(*Echinochloa crusgalli*) 又名水稗、稗子、稗草，原产于欧洲，我国各地均有分布，多生长于湿润肥沃处，为世界十大恶性杂草之一。

野稗为一年生禾本科杂草，春季萌发。种子繁殖，苗期4~5月，花果期7~10月。在低修剪的草坪中，可以在地面上平躺且以半圆形向外扩展。秆斜生，光滑无毛，高50~130cm，叶鞘疏松裹茎，光滑无毛；叶片条形，长10~40cm，宽5~20cm，光滑，边缘粗糙；无叶舌是稗草区别于许多类似禾草的特征。圆锥花序，近塔形，长5~20cm(图4-36)。

图4-36 野 稗

②马唐(*Digitaria sanguinalis*) 遍布全国各地，尤以北方最为普遍。多生于河畔、田间、田边、荒野湿地、宅旁草地及草坪等处。

马唐为一年生禾本科杂草，春末和夏季萌发，春天土温变暖后，在整个生长期都可以发芽。种子繁殖，花果期6～10月。在草坪中竞争力很强，有扩张生长的习性，使草坪草的覆盖面积变小。秆高10～100cm，无毛。叶片粗糙，条状披针形，长5～15cm，宽3～12mm，浅绿或苹果绿色，基部圆形。总状花序5～18cm，8～12枚指状排列于主轴上(图4-37)。

图4-37　马　唐

③虎尾草(*Chloris virgata*) 又名刷子头，遍布全国各地。多生于草原、荒野、沙地、田边、路旁、宅旁草地和草坪等处。

虎尾草为一年生禾本科杂草，春末和夏季萌发，种子繁殖。秆高20～60cm，上部叶鞘常膨大，叶舌具纤毛。穗状花序4～10枚，羽状，簇生于茎顶成刷帚状；小穗排列在穗轴的一侧，长3～4cm，含两朵小花，第二朵小花退化。内颖有短芒，外稃顶端以下生芒，具3脉，两边脉生长柔毛。

④燕麦(*Avena fatua*) 分布于全国各地。

野燕麦为一年生禾本科杂草，春季萌发。种子繁殖，花果期4～9月。通过常规修剪可以抑制其存活。秆直立，光滑无毛，未被修剪的植株高达30～120cm。叶舌透明、膜质，长1～5mm；叶片扁平，微粗糙，长10～30cm，宽4～12mm。圆锥花序开展，长10～25cm，小穗长18～25mm，含2～3朵小花，花具长芒。颖果矩圆形，长7～9cm，米黄色，密生金黄色长柔毛。

⑤雀麦(*Arrhenatherum elatius*) 分布于东北及长江、黄河流域的各地，多生在山坡草地、林边等处。

雀麦为一年生禾本科杂草，春季萌发。种子繁殖，花果期4～9月。秆直立，丛生，高30～100cm。叶鞘闭合，被白色柔毛；叶片宽2～8mm，两面生柔毛。圆锥花序开展、下垂，长达30cm，小穗含7～14朵小花。颖果长椭圆形，棕褐色。

⑥蒺藜草(*Cenchrus echinatus*) 分布于广东、台湾等地，常见于稀疏草坪中，尤其在贫瘠沙质土壤上多见。可结出坚硬刺球，常贴到衣服上。

蒺藜草为一年生禾本科杂草，春季萌发，种子繁殖。秆高约50cm，基部膝曲或平卧并于节上生根，下部各节常有分枝。叶片条形粗糙，宽4~10mm。花序呈穗状，由多数有短梗的刺苞所组成，内有2~4段簇生的小穗；小穗披针形，含2朵小花(图4-38)。

⑦金狗尾草(*Setaria glauca*) 又名黄狗尾草、黄毛毛狗，分布于全国各地。常见于新播的草坪，在已建植好的草坪中不常见，适应性很强，喜干燥的沙地，普遍见于田间、荒地、路旁和草坪等处。在土壤肥沃、草坪稀薄时占优势。

金狗尾草为一年生禾本科杂草，春末和夏季萌发。种子繁殖，花果期6~1月。秆直立，分枝，高20~90cm，光滑无毛，基部扁平。叶舌有一圈长约2mm的纤毛；叶片条形，长5~40cm，上边粗糙，下边光滑。圆锥花序紧密呈圆柱状，长3~8cm，带金黄色侧毛；小穗长3~4cm，单独着生(图4-39)。

图4-38 蒺藜草

图4-39 金狗尾草

⑧牛筋草(*Eleusine indica*) 又名蟋蟀草，分布于全国各地。

牛筋草为一年生禾本科杂草，春末和夏季萌发。它在马唐萌发几周后开始萌发，外观与马唐相似，但颜色较深，中心呈银色，穗呈拉链状，常见于暖温带及更热气候区的板结、排水不良的土壤上。耐修剪，在板结土质或较差的土壤中旺盛生长，特别是在灌溉的草坪中尤其旺盛。种子繁殖，花果期6~10月。根系极发达。秆丛生，高10~90cm，叶片条形，长10~15cm，宽3~7mm。穗状花序2~7枚着生于秆顶，长3~10cm，小穗长4~7mm，密集于穗头一侧成两行排列，含3~6朵小花(图4-40)。

图4-40 牛筋草

图4-41 一年生早熟禾

⑨一年生早熟禾(*Poa annua*) 一年生禾本科杂草,在潮湿遮阴的土壤中生长良好。枝条疏丛型或匍匐茎型,株高不超过20cm,在北方较凉爽的草坪中能形成绿色稠密株丛,开花早、结实快,死亡后留下枯黄斑块(图4-41)。

(2)多年生杂草

①无芒雀麦(*Bromus inermis*) 分布于东北、西北地区。喜冷凉干燥的气候,适应性强,耐干旱、耐寒冷,也能在瘠薄的砂质土壤上生长,在肥沃的土壤上或黏壤土上生长茂盛。

无芒雀麦为多年生禾本科杂草,秋季萌发,种子及根茎繁殖。有根状茎。秆光滑,高50~100cm,叶鞘闭合;叶片光滑,宽5~8mm。圆锥花序长10~20cm,小穗近于圆柱形,长12~25mm,含4~8朵小花,花无芒。

②狗牙根(*Cynodon dactylon*) 常见于暖温带气候区内,分布于黄河以南地区,也常用作草坪草。

狗牙根为多年生禾本科杂草,春末和夏季萌发。适应能力强,生长迅速。根系深,耐旱。种子及匍匐茎繁殖,花果期5~10月。低矮草本,具根状茎或匍匐枝,直立部分高10~30cm,平卧部分长达1m,并于节上分枝及生根。叶舌短小,具小纤毛;叶片条形,长1~12cm,宽1~3mm。穗状花序2~6枚,指状排列于茎顶,长2~6cm;小穗灰绿色,长约2mm,含1朵小花(图4-42)。

图4-42 狗牙根

③偃麦草(*Elytrigia repens*) 分布于内蒙古及西北地区。

偃麦草为多年生禾本科杂草,春秋都可以萌发。一旦在草坪中生成,并维持2cm高度,则很难根除。种子及根茎繁殖,花果期为6~8月。秆成疏丛,高40~80cm,光滑无毛。叶片扁平,长10~20cm,宽5~10mm,叶耳膜质,长爪状,细小。穗状花序直立,长10~18cm,宽8~15mm;小穗含5~10朵小花,长10~18cm;芒长约2mm,颖果呈矩圆形,褐色。

④白茅（*Imperata cylindrica*） 为多年生禾本科杂草，有长匍匐根状茎横卧地下，蔓延很广，黄白色，节具鳞片及不定根。叶片呈条形或条状披针形，主脉明显突出于背面。圆锥花序紧缩成穗状，花果期为7~9月，成熟后小穗随风传播（图4-43）。

⑤香附子（*Cyperus rotundus*） 常分布于全国各地的草坪中。

图4-43 白 茅

香附子为多年生莎草科杂草，茎匍匐，根状茎三棱无节，黄绿色。无花被，复伞形花序。以种子、根茎及果核繁殖，主要靠无性繁殖，所以能迅速繁殖形成群体（图4-44）。

（3）阔叶杂草

①酢浆草（*Oxalis corniculata*） 为一年生或多年生酢浆草科杂草，常生长于肥沃较干旱的土壤中。叶心形，淡绿色，互生，茎、叶被疏毛，有酸味。种子呈长扁卵圆形，具5瓣黄色小花（图4-45）。

②牻牛儿苗（*Erodium stephanianum*） 分布于东北、华北、西北及长江流域。生长于山坡、沙质草地、河岸、沙丘、田间、路旁等处。

图4-44 香附子

牻牛儿苗为一年生杂草。春季萌发，种子繁殖。根直立，单一细长，侧生须根少。茎平卧或斜生，通常多株簇生。叶呈长卵形或矩圆状三角形，二回羽状全裂，叶片为5~9对，最终裂片条形。花呈蓝紫色。蒴果，成熟时5个果瓣由下而上呈螺旋状卷曲。

③萹蓄（*Polygonum aviculare*） 蓼科蓼属。分布于全国各地，以东北、华北最为普遍。

图4-45 酢浆草

萹蓄为一年生草本，春季萌发。长主根，抗干旱，在板结土壤上生长良好。种子繁殖，花果期5~10月。阶段不同，外观有所不同。幼苗时有细长、暗绿色叶片，生长后期叶小，淡绿色。茎平卧或直立，多分枝，高10~40cm；叶互生，长椭圆形，长0.5~4cm，深绿色，托叶鞘膜质。花腋生，1~5朵簇生。花被绿色，边缘淡红色或白色。瘦果呈黑褐色（图4-46）。

图4-46 萹 蓄

图4-47 苣荬菜

④苣荬菜(Sonchus brachyotus) 又名曲麻菜、苦麻菜。菊科多年生根蘖杂草。全草有白色乳汁。茎直立,高40~90cm。具横走根。叶长圆状披针形,有稀疏的缺刻或浅羽裂,基部渐狭成柄,茎生叶无柄,基部呈耳状,抱茎。头状花序全为舌状花,黄色,冠毛白色(图4-47)。

⑤藜(Chenopdium album) 又名灰菜,藜科藜属,分布于全国各地。

藜为一年生草本,春季萌发。种子繁殖,花果期5~10月。耐盐碱、耐寒、抗旱。茎光滑,直立,粗壮有棱,带绿色或紫红色条纹,多有分枝,高60~120cm。叶互生,长3~6cm,叶形多种,幼时被白粉。花小,绿色,无花瓣,为顶生或腋生,排列成圆锥状花序。胞果扁圆形。种子横生、黑色(图4-48)。

⑥马齿苋(Portulaca oleracea) 马齿苋科马齿苋属。分布于全国各地。由于有储藏湿气的能力,所以能在常热和干燥的天气里茂盛生长,在温暖、潮湿、肥沃土壤上也生长良好,在新建草坪上竞争力很强。

马齿苋为一年生肉质草本,春季萌发,种子繁殖,花果期5~9月。茎平卧或斜生,全体光滑无毛,常略显紫红色,有须根系,能形成直径30cm或更大的草垫。叶互生或对生,厚而肉质,倒卵形,长1~2.5cm,叶上所覆盖的蜡质使得用除草剂也很难有效防治。花小、黄色,3~8朵腋生,花瓣5片。蒴果,圆锥形。种子扁、肾状卵形、黑色,能在土壤中休眠许多年(图4-49)。

图4-48 藜

图4-49 马齿苋

⑦小旋花(Calystegia hederacea) 又名打碗花、常春藤打碗花、兔耳草。旋花科一年生杂草。茎蔓生、缠绕或匍匐分枝,茎具白色乳汁,叶互生,有柄;叶片戟形,先端钝尖,基部常具4个对生叉状的侧裂片。花腋生,具长梗,有2片卵圆形的苞片,紧包在花萼的外面,宿生;花冠淡粉红色,漏斗状。蒴果卵形,黄褐色。种子光滑,卵圆形,黑褐色(图4-50)。

⑧蒲公英（*Taraxacum mongolicum*）　菊科蒲公英属。广布于东北、华北、华东、华中、西北、西南等地，是我国常见草坪杂草。

蒲公英为多年生草本，春季萌发。根再生能力强，因而不易根除。种子及根繁殖，花果期3~6月。根肥厚而肉质，圆锥形。株高10~40cm，全草有白色乳汁。叶呈莲座状平展，倒披针形，长5~15cm，逆向羽状深裂。头状花序，全为舌状花组成，黄色。瘦果，褐色，冠毛白色（图4-51）。

图4-50　小旋花

图4-51　蒲公英

⑨酸模（*Rumex acetosa*）　蓼科酸模属。分布于吉林、辽宁、河北、山西、新疆、江苏、浙江、湖北、四川、云南等地，多生于潮湿肥沃土壤。

酸模是多年生草本，春季萌发。种子及不定芽繁殖，花果期6~10月。茎直立，通常单生不分枝，高30~80cm，基生叶有长柄，叶片矩圆形，长3~11cm，宽1.5~3.5cm，茎生叶较小，披针形无柄。托叶鞘膜质。圆锥花序顶生，花小。瘦果，椭圆形，具三棱，暗褐色且有光泽（图4-52）。

⑩车前（*Plantago asiatica*）　车前科车前属。分布于全国各地，是草坪常见的多年生杂草。

春秋萌发。种子或自根部发出新茎繁殖，花果期6~10月。矮生，根状茎短粗，有须根。叶基生成莲座状，叶片椭圆形，叶脉近平行，基部成鞘状，无托叶。穗状花序，生于花莛上部；花小，花冠干膜质，淡绿色。蒴果，卵状圆锥形（图4-53）。

图4-52　酸　模

图4-53　车　前

⑪独行菜(*Lepidium apetalum*)　十字花科独行菜属。分布于东北、华北、华东、西北及西南等地，抗旱、提寒，各种土壤都能生长。

独行菜为一年生或二年生草本，春秋萌发。种子繁殖，花果期4～7月。株高5～30cm，茎直立，多分枝，被头状腺毛。基生叶一回羽状浅裂或深裂，茎生叶狭披针形或条形。总状花序顶生，萼片呈舟状，花瓣退化(图4-54)。

图4-54　独行菜

⑫荠菜(*Capsella bursa-pastoris*)　十字花科荠属。分布几乎遍及全国，对新建草坪影响较大，常生长于山坡、荒地、田边。

荠菜为一年或二年生草本，春秋都可以萌发。种子繁殖，花果期4～6月。全株稍被毛，高10～50cm，茎直立，单一或下部分枝。基生叶莲座状，大头羽状分裂，具叶柄；茎生叶披针形，边缘有缺刻或锯齿，抱茎。总状花序顶生及腋生，花瓣白色，有短爪。短角果倒三角形(图4-55)。

图4-55　荠　菜

⑬繁缕草(*Stellaria media*)　石竹科一年生杂草，匍匐茎一侧具绒毛，肉质多汁而脆，折断中空，向外扩张生长能力强。叶对生，淡绿色，上部叶无柄，下部叶有柄；叶片卵圆形或卵形，长1.5～2.5cm，宽1～1.5cm，先端急尖或短尖，基部近截形或浅心形，全缘或呈波状，两面均光滑无毛。花为白色的星状花(图4-56)。

⑭地锦(*Euphorbia humifusa*)　大戟科一年生杂草。茎细，红色，多叉状分枝，匍匐状卧，全草有白汁。叶通常对生，无柄或稍具短柄。叶片卵形或长卵形，全缘或微具细齿，叶背紫色，下具小托叶。杯状聚伞花序，单生于枝腋或叶腋，花淡紫色(图4-57)。

图 4-56　繁　缕

图 4-57　小叶地锦

  任务分解

1. 草坪杂草的识别

（1）种类识别

选取长有草坪杂草的草坪现场，对草坪杂草的形态特征进行观察记录，对于一些特征明显、现场容易识别的杂草种类可以当场鉴定确认。对于难以识别或新出现的杂草，则需带进实验室，在教师的指导下，查阅相关资料，完成进一步的调查鉴定工作。

（2）生物特性分析

对已识别出的杂草种类进行进一步生物学分析，是禾本科还是非禾本科，属一年生杂草、二年年杂草还是多年生杂草，了解其株高、开花结实习性、危害时期及特点，然后根据这些特性选择适合的除草剂进行灭除。

2. 杂草的防治

正确选择除草剂是草坪化学除草的关键。可根据草坪现场识别出的主要杂草种类，制定相应的化学防除措施，选择适宜的化学除草剂来防除。

任务实施

1. 场所、材料及用具

场所：学院草坪实训基地。

材料及用具：

实地调查所需用具：长有杂草的草坪、标本夹、铅笔、数码相机等；

室内观察所需用具：挂图、杂草标本、采集的新鲜杂草、照片等；

防治试验所需用具为：喷雾器或小型压力喷壶及常用除草剂（可根据杂草种类选用）。

2. 方法及步骤

5~6人为一小组，在教师的指导下进行实训操作。

(1) 现场调查

教师可根据不同种类草坪杂草发生的季节有计划地组织学生到杂草危害较重的草坪现场，进行草坪杂草一般情况调查，记录内容如下。

①草坪状况调查 包括草坪类型（冷地型或暖地型）、草坪品种、面积、长势、地势、草坪的建植时间、养护管理情况（精细管理或粗放管理）等内容。

②杂草基本情况调查 包括杂草的类型（一年生杂草、二年生杂草或多年生杂草；禾本科杂草、莎草科杂草或阔叶杂草）、发生面积、危害程度、主要杂草的种类等内容。

③防除情况调查 包括防除方法（化学防除、人工拔除、机械除草或生物防除等）、除草剂应用情况（包括使用的品种、浓度、用药时间、次数、防治效果等）等内容。此项内容可向草坪管理人员咨询并结合现场观察来进行。

(2) 室内鉴定

对于在现场难以识别的杂草种类，需带进实验室，在教师的指导下，查阅有关资料，完成进一步的调查鉴定工作。

(3) 草坪常见杂草的药剂防除试验

观察杂草危害较重的草坪，确定杂草种类，将草坪划分为几个相同面积的小区，进行杂草药剂防除试验（可分为不同药剂、同一药剂不同浓度、喷药与不喷药），定期观察防治效果并记录。

(4) 杂草综合防除

①人工拔草 利用小锄、铲子等进行人工除草，把大型的一、二年生杂草清除出草坪。

②修剪除草 利用旋刀式修剪机修剪草坪，剪除一、二年生杂草，主要剪除其种子等生殖器官，通过修剪抑制草坪杂草生长。

③化学除草

a. 选择无风或者微风的晴天进行喷药；

b. 根据调查的结果，选择对杂草杀灭效率高，对草坪草安全的除草剂；

c. 用皮尺测量，计算出草坪的面积，根据除草剂的用量标准，计算出适量的除草剂用量，戴上橡胶手套与口罩，穿戴严实，然后用水桶与量杯兑水稀释至说明书要求的倍数，如需要混合多种除草剂，则分开稀释；

d. 把稀释好的除草剂倒进喷雾器，对于混合使用的除草剂，要先把各种稀释好的除草剂充分混合搅拌均匀后，倒进喷雾器；

e. 喷施除草剂，对杂草危害严重的局部区域要重点喷施，加大喷施量；

f. 喷施结束后，清洗喷雾器，树立警示标牌。

3. 要求

（1）实训过程认真，听从安排，保证出勤；要有团队合作精神；能发现解决问题的新方法、新思路。

（2）能根据现场草坪基况调查，对主要草坪杂草进行识别，对杂草危害进行准确的判断与评估。

（3）对主要杂草种类名称、数量分布（多度、盖度、密度）进行记录详细。

（4）对主要杂草防治方法正确，选择除草剂合理。

（5）防除措施得当，主要杂草得到明显控制。

（6）记录工作过程，整理形成报告。

考核评价

（1）理论考核：完成草坪常见杂草的调查及防除的实训报告，要求包括主要草坪杂草的调查、防除的步骤与程序，以及注意的事项。

（2）实践考核：现场考核草坪杂草调查、防治各个环节是否正确以及符合实训要求，主要杂草防治措施是否得当，并考核草坪杂草的防除效果。

任务 4.7 草坪坪地中耕通透

草坪在建植多年后，坪地土壤经过长期的沉降以及使用过程中长期的践踏，会变得板结。坪地土壤板结直接造成草坪对水肥吸收能力的下降，土壤肥力下降，同时，由于土壤板结，坪地土壤内产生的有毒有害物质无法排出，外界的氧气难以进入土壤中，土壤呼吸功能丧失，造成草坪根系生长受到极大影响，根系衰退，甚至窒息死亡，最终导致了草坪草的衰退与死亡。因此，对板结的草坪地进行中耕通透，对改善草坪土壤的通透状况有很大的意义。常用的草坪土壤中耕通透技术有草坪的打孔、穿刺与梳草。

工作任务

【任务描述】

了解导致草坪土壤板结的原因、草坪中耕通透的作用、草坪打孔及梳草的概念、草坪打孔与梳草的注意事项等理论知识；掌握打孔机、梳草机、铺沙机的操作方法，会对板结土壤进行打孔与梳草作业。对一块坪地板结的草坪进行打孔与梳草作业。

【任务分析】

详见图4-58。

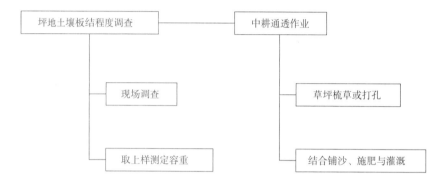

图4-58 草坪灌溉任务分析图

 知识准备

4.7.1 概念

（1）打孔与穿刺

打孔与穿刺是利用机器或者人工动力带动打孔锥运动在草坪上打孔的一种养护作业。

打孔锥有空心锥及实心锥两种，使用空心锥打孔时，打孔机从草坪上打出土芯，称为打孔或者除土芯；使用实心锥打孔时，打孔机不带出土芯，称为穿刺。

（2）梳草

梳草是指利用机器或者人工的方式，对郁闭度较大或者芜枝层较厚的草坪进行表面梳耙作业，梳走部分草坪的茎叶与芜枝层，增加草坪的通透性，并减少芜枝层的一项草坪养护措施。

4.7.2 坪地中耕通透的作用

4.7.2.1 打孔与穿刺的作用

打孔与穿刺广义上属于草坪的中耕，中耕的目的主要是松土，兼及蹲苗，它既能促进根系生长，协调根冠比，又能改善土壤的疏松度，有利于协调水气等。

打孔与穿刺属于浅土层中耕，通过打孔与穿刺，草坪表面留下一系列小孔，经过施肥、践踏、灌溉、追肥、动物活动等，得到充填，形成新的疏松土层。

（1）改善坪地土壤的通透性

打孔与穿刺能提高土壤的透水与透气性能，使得草坪可以正常吸收水分，吸收新鲜空气，排出有害气体，改善草坪草根系的生长环境，促进根系的生长，从而促进草坪的生长发育。

（2）改善地表排水，促进草根对地表营养的吸收

打孔与穿刺能提高坪地土壤的渗透排水能力，使得草坪表面的营养物质可以通过水分的渗透直达根系，促进根系对地表营养的吸收。

（3）改良土质提高保水保肥能力

打孔与穿刺结合施肥、覆沙与灌溉，可以极大改善坪地土壤的质地，提高草坪的保水与保肥能力。

（4）加速芜枝层分解

打孔与穿刺可以加快草坪芜枝层的分解，促进草坪地上和地下部分生长发育。

（5）打孔与穿刺有时还可达到补播的目的

通过打孔与穿刺，结合播种，使得种子进入草坪新打出的孔中，快速萌发生长，达到草坪补播的目的。

4.7.2.2 梳草的作用

草坪经过正常的生长发育，地表的茎叶大量生长出来，当生长速度快，生长量大时，草坪的郁闭度就会增加，通透性下降；同时，由于草坪茎叶的新老交替，在草坪表面会产生大量的枯枝败叶层，也就是芜枝层。

草坪茎叶郁闭度增加以及芜枝层的产生，不仅使得草坪的通透性下降，还会导致一部分底部的草叶被其他草叶覆盖，不参加光合作用而丧失功能，时间一长，会霉变腐烂，滋生病虫害，这时如只喷洒药物，并不能从根本上解决问题，梳草就显得极为必要。

（1）降低草坪郁闭度，改善草坪的通透性

草坪生长速度快、草坪徒长、草坪使用时间长等，都会使得草坪地面上的枝条与叶片大大增加，厚厚的草层造成草坪郁闭度增加，草坪上气流不畅，光照不足，湿度较大，草坪容易产生病害。使用梳草机梳走部分多余的茎叶，可以降低草坪的郁闭度，增加通透性，降低感病的几率，使得草坪可以健康生长。

（2）清除枯草层

梳草机的活动刀片在机械离心力的作用下能有效地清除枯草层，破坏草坪病害滋生的环境条件，降低草坪感病的几率。

（3）促进草坪的更新

梳草机梳走部分多余的茎叶与芜枝层后，草坪上新生的分蘖与叶片由于解除了抑制，会很快生长成新的茎叶，使得草坪可以新老交替，促进了草坪的更新，延长了草坪的使用年限，并提高了草坪的质量。

4.7.3 注意事项

4.7.3.1 打孔与穿刺的注意事项

(1) 打孔时间

打孔时间十分重要,干旱下打孔会使草坪草严重脱水,在盛夏干旱炎热的白天进行打孔后,草坪局部会产生严重的脱水现象。因此,必须在草坪生长茂盛、生长条件良好的情况下进行打孔。

(2) 打孔与穿刺方式的选择

利用空心锥打孔还是利用实心锥穿刺,主要视草坪的具体情况而定。空心锥适用于草皮整修、填沙、补播;实心锥插入草皮时将孔周围的土壤挤实,对排出草坪表面水有良好的作用。

(3) 打孔深度

打孔机械种类很多,常用圆周运动式打孔机和垂直运动打孔机。垂直运动打孔机具有空心尖齿,对草坪表面的破坏力小,打孔深度大,可达 8~10cm。圆周运动式打孔机具有开放铲式空心尖齿,其优点是工作速度快,对草坪表面破坏小,打孔深度比垂直运动式打孔机浅。

打孔与穿刺的深度取决于土壤的紧实程度、土壤容重和含水量及打孔机的穿透能力。一般土壤越紧实,土壤容量越大,含水量越小,打孔越深。打孔机的穿刺能力越大,打孔越深。

(4) 打孔后的养护

打孔与穿刺后应结合其他养护措施,如表施土壤、营养土、细沙、肥料,并结合灌溉,以有效地改善土壤的物理质地,改善通透性,提高肥力,同时能防止草坪草的脱水,并能提高草坪根部对肥料的利用率。

打孔作业的不利影响是暂时破坏了草坪表面的完整性,由于露出了草坪土壤层,会造成局部草坪草脱水。打孔与穿刺还可能促使杂草种子萌发,会产生一些杂草,可能会导致地老虎等地下害虫危害的加重。因此,打孔后的土芯一定要清理干净,以免浇完水,土芯和草坪草粘在一起,既影响景观,又容易引发病害和杂草的发生,及时喷施农药可以防治地下害虫的发生。

4.7.3.2 梳草的注意事项

(1) 梳草的时间

梳草是一项对草坪产生暂时性适度伤害的养护措施,因此,在草坪的生长旺季,草坪恢复力处于高峰的时候进行效果较好,如冷地型草在春秋两季,暖地型草在夏季。

梳草最佳时间是阴天或者阳光不特别强烈的天气进行,不能在雨天进行。

(2) 梳草的强度

梳草强度取决于下面几点:

①以切根为目的梳草作业要加大深度,以梳枯草层为目的则深度适中,以减小草叶密度为目的则浅梳;

②草坪生长高峰期梳草深度可相对深些；
③气候条件有利于草坪生长恢复时可深梳；
④枯草层越厚梳草深度越深；
⑤生长状况良好的草坪梳草深度可相对深些。

（3）梳草后的养护管理

梳草作业也和打孔作业一样，由于对草坪地进行了暂时的破坏，会引起草坪短暂的脱水萎蔫，此外，如果梳草后养护管理不当，在草坪恢复期内，杂草与地下害虫也会趁机入侵。因此，梳草后对草坪采用及时的养护措施，或者梳草结合其他养护措施进行，显得尤为重要。

梳草后必须马上把草屑清理干净，带出草坪，以免草屑残留在草坪上影响美观。为避免地下害虫的发生，在梳草后撒施防治地下害虫的农药颗粒剂是一项有效的措施。

梳草后最好对草坪进行表施土壤、营养土、细沙、肥料、农药等，在作业结束后要马上灌溉，适当滚压。

4.7.4 草坪打孔机与梳草机

（1）穿刺机器

草坪穿刺机器由动力汽油机以及穿刺部件组成，穿刺部件有很多实心钢管，作业时不带出草坪坪地的土芯（图4-59）。

图4-59 穿刺机器作业时不带出土芯

（2）打孔机器

草坪打孔机器由动力汽油机以及打孔部件组成，打孔部件上面有空心钢管，作业时空心钢管在坪地打孔，带出的草坪坪地的土芯需要清理出坪地（图4-60）。

图4-60 打孔机器作业时带出坪地土芯

（3）梳草机器

草坪梳草机器由动力汽油机以及梳草部件组成，梳草部件为滚轮形，上面布满直径约5cm的实心细钢管，梳草作业时，梳草部件高速旋转，细钢管把草坪的表层茎叶以及土壤浅层的根系都梳出坪地，草坪上带出大量的草坪茎叶以及表土、根系等，需要清理出草坪。（图4-61）

图4-61 梳草机器作业时带出茎叶与浅层根系、表土等

任务分解

1. 坪地板结度及草坪郁闭度调查

现场调查坪地土壤的板结情况,并取土壤测定土壤容重,确定草坪地的板结程度。

2. 确定中耕通透作业

根据草坪地的板结情况调查结果,以及草坪草的生长情况、天气情况,确定中耕通透的方案以及作业时间。中耕作业结束,立即清理平地上的土芯、草屑、表层土壤等。

3. 中耕通透后铺沙及灌溉

中耕通透作业后,立即对坪地进行铺沙作业,根据草坪的生长状况确定是否应立即施肥,根据地下害虫发生情况确定是否应施用农药防治地下害虫。最后,对草坪进行灌溉,促使草坪根系快速恢复。

任务实施

1. 场所、材料及用具

场所:学院草坪实训基地。

材料及用具:每组配备坪地板结的草坪一块(600m²左右)、取土器、旋刀式剪草机、打孔机、梳草机、机油、汽油、河沙、复合肥、辛硫磷颗粒剂、扫帚、耙沙器、铁锹、板车。

2. 方法及步骤

学生以小组为单位,建议5~7人一组,在教师的指导下进行现场实训,选择一块坪地板结的草坪作为实训草坪进行草坪打孔穿刺或者梳草作业。

(1)土壤板结程度调查

①用取土器取土样,在实验室测定土壤容重,根据测定结果判断土壤板结度;用水灌溉草坪,根据草坪渗水的速度判断土壤板结度;如下雨,雨后观察草坪排水能力,判断是否板结。

②调查草坪由于践踏造成的土壤裸露的程度(如果打孔的草坪是足球场,特别是球门处应重点调查),用取土器挖出草坪根系,观察根系的生长量、分布的深度。

(2)草坪生长情况及枯草层厚度密度调查

实地目测草坪草的厚度,芜枝层厚度,老枝老叶的比例。

(3)确定进行打孔、穿刺或是梳草

根据调查的结果,确定选用空心锥打孔还是选用实心锥穿刺;并根据草坪草芜枝层及老枝老叶比例、浅层土壤板结度,确定梳草的深度。

(4)检查机器

①开机前,先对各个部件进行检查,所有配件及开关是否完好,能否正常操作;用机油标尺检查机油的量是否合适,如机油过少,添加机油;如机油已经发黑,更换机油。

②检查汽油的量,适当添加汽油。

③查滤清器污秽情况,决定是否更换滤清器。

④检查火花塞帽是否装在火花塞上。

(5)适当修剪

如果草坪草生长高度较高,打孔前启动旋刀式修剪机进行适当的修剪。

(6)启动机器

首先,打开燃油开关、电路开关,阻风阀视情况可全关、半关、全开(但是启动后则必须把阻风阀放在全开的位置),然后适当加大油门,迅速拉动启动手把,将汽油机启动。注意:打孔机、梳草机必须在手把拉起、孔锥与梳草耙离地面的状态下启动。

(7)作业

汽油机需在低转速下运转2~3min进行暖机。然后加大油门,使汽油机增速。慢慢放下打孔机或者梳草机手把,双手扶紧握手把,跟紧机器前进,即可进行草坪打孔或者梳草作业。

(8)关机

工作完毕,先将打孔机或者梳草机操纵手把拉起,减小油门,让汽油机在低速下运转2~3min后,再将电路开关关上,汽油机即熄火,最后将燃油开关关上。

(9)清洁机具

作业结束后,要将机器清理干净,空气滤清器芯要用煤油清洗。火花塞帽要从火花塞上取下来,以防止误启动。火花塞每运转100h要从汽油机上取下并清洁。

(10)清理草屑与土芯

用扫帚、耙沙器把草屑与土芯统一收集到板车上,带出草坪集中处理。

(11)作业后养护

在沙子中混合复合肥、辛硫磷颗粒剂等,用板车运至草坪上,用铁铲向草坪上撒播,作业结束后,马上浇水灌溉,适当镇压。

3. 要求

(1) 确定打孔穿刺或者梳草的深度,对打孔或者梳草机器进行正确的操作;

(2) 通透作业结束后,结合施肥、覆沙,改良坪地土质与肥力,并及时灌溉,避免草坪出现脱水。

考核评价

(1) 理论考核:完成实训报告。

(2) 实践考核:

①机器检查是否仔细、全面,调试准备工作完全,开机、作业、关机等操作是否遵循机器使用手册,操作规范,作业结束后是否清理机器;

②打孔穿刺或者梳草深度合理,作业后草屑及土芯清理彻底,结合铺沙、施肥与用药进行,作业后马上浇水。

任务 4.8 衰退草坪复壮

草坪在建植后,经常会由于病虫危害、养护不当、利用过度等种种原因,导致草坪的密度、盖度下降,杂草增加,草坪的质量下降,甚至失去使用功能,这就是草坪的衰退。通过各种养护手段恢复衰退草坪的质量及使用功能的过程,称为草坪的复壮。

根据草坪衰退原因以及衰退程度的不同,常用补植、补播以及抽条复壮等草坪复壮措施。

工作任务

【任务目标】

了解导致草坪衰退的原因,学习避免草坪衰退的方法措施,了解补植、播种与抽条复壮等相关理论知识;掌握草坪的补植复壮与补种复壮方法。

通过补植草块与补种草种的方法,对一块密度与盖度下降的衰退的草坪进行补植、补种复壮。

【任务分析】

详见图4-62。

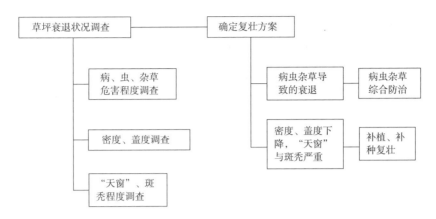

图 4-62 衰退草坪复壮任务分析图

知识准备

4.8.1 草坪的衰退

经过一定使用年限的草坪,尤其是主要建坪草种,长势下降,新生部分少于衰亡部分,盖度下降,竞争力衰退,杂草滋生,草坪上的植物群落已经进入恶性演替,即草坪进入衰退期。草坪衰退的结果就是形成一块退化的草坪。

退化草坪也可以用俯视法确定。当建坪草种的盖度下降到接近80%,草坪草植株与植株之间的界限又恢复明显时,已不利于使用,可以视为退化草坪。

4.8.2 草坪衰退的原因

(1) 自然因素
①草坪的使用年限已达到草坪草的生长极限;
②外界不良环境的影响,如由于建筑物、高大乔木或致密灌木的遮阴,部分区域的草坪因得不到充足的阳光而难以生长;
③病虫害侵入造成秃斑;
④土壤板结或草皮致密,致使草坪长势衰弱。

(2) 建坪及管理因素
①建坪草种选择不当,造成草坪草不能安全越夏、越冬,选用的草种习性与使用功能不一致,致使草坪生长不良;
②坪地立地条件太差,如土壤理化性质不能满足草坪生长需要,或者坪地处理不规范(包括坡度过大、地面不平、精细不一)造成雨水冲刷、凹陷;
③播种不均匀,造成稀疏或秃斑;
④不正确地使用除草剂、杀菌、灭虫剂,以及不合理地施肥、排灌、修剪,造成

伤害。

(3) 人为因素

① 利用过度，如运动场的发球区和球门附近，常因过度践踏而破坏了草坪的一致性；

② 草坪被严重践踏或者在不适宜气候下进行高强度利用造成破坏。

总之，造成草坪衰退的原因很多，但分析起来不外乎草坪草内在因素（如对冷热、酸碱、旱涝、遮阴、修剪高度、践踏、病虫害等的忍耐性）和影响草坪正常生长的外界条件（如对草坪实行的各项管理措施）两方面原因。

4.8.3 衰退草坪的复壮

退化草坪是指草坪衰退到不利于使用。通常有两大特征：一是栽培的草坪草种群或群落之间不良演替，已明显地改变种群或群落的植物组成；二是草坪地耕作层土壤理化性状严重恶化，肥力明显下降。对于退化草坪，应根据退化的原因与程度，或复壮、或更新。复壮也称修复，是指对草坪的局部或全部进行补播、补种、加强管理，使得衰退草坪恢复正常生长和使用功能的一种措施。而更新则是指整个草坪的重建。只在具有不可逆衰退原因，或复壮在经济上已不合算的情况下，才决定更新。

决定退化草坪复壮或更新之前，须做好草坪衰退的调查与分析。

① 凡具下列条件的草坪，可以复壮：

- 草坪地 3~5(10)cm 表土层严重板实；
- 草坪地耕作层土壤不均一，常规培育管理范围内已难以调整；
- 草坪芜枝层过厚，整个草坪网络层和植绒层新生营养器官的量已低于衰退的量，或呈现衰退趋势；
- 草坪内杂草丛生，但建坪草种仍然不小于 65%；
- 遭受病害、虫害以及其他原因的严重损害，但无须更新者。

② 凡具下列条件之一的草坪，均需更新：

- 建坪草种，寿限已至；
- 恶性杂草严重危害已难以救治，建坪草种不大于 65%；
- 病、虫危害或其他原因基本波及整个草坪。

4.8.4 常用的草坪更新复壮措施

所有类型的草坪，由于自然因素和管理不善的原因，都会进入衰退期。更新复壮是保证草坪持久不衰的一项重要的护理工作，是草坪养护管理的重要内容。

常用的更新复壮的措施主要有以下几种：

(1) 中耕复壮

当草坪退化的主要原因是水肥不够、土壤板结、草坪密度过大时，一般应先清除掉草坪上的枯草、杂物，补播草种，在草坪上采取中耕松土，如打孔与刺孔等办法，先使用打孔机在草坪上打孔，然后将河沙、肥料和种子撒入洞孔内，施入适量的水分、肥料，促使草坪快速生长，及时恢复。

（2）改良土壤酸碱度

草坪适合在中性偏酸或者中性偏碱的土壤中生长，酸性过重或者碱性过重的土壤，都不利于草坪的生长，会造成草坪生长不良，草坪进入衰退期。若草坪生长的土壤酸度过大，则应施入石灰，以改变土壤的酸性。石灰用量以调整到适于草坪生长的范围为度，一般为 0.1kg/m^2，如能加入适量过筛的有机质，则效果更好。若草坪生长的坪地土壤 pH 值太高，碱性过重，可以施入有机肥与石膏粉进行改良。

（3）断根复壮法

可以使用垂直修剪机，对草坪的坪地进行垂直修剪，也能起到疏松土壤、切断老根的作用，然后在草坪上撒施肥土，促其萌发新芽，达到复壮的目的。针对一些芜枝层厚、土壤板结、草坪密度不均匀、生长期较长的草坪，可以采取断根法进行复壮。具体的方法是：使用旋耕机旋耕一遍，然后浇水施肥，既达到了切断老根的效果，又能使草坪草分生出许多新苗。

（4）补植复壮

补植受损草坪法草坪常因排水不良、土壤侵蚀及人为践踏、挤压等出现局部死亡，需尽早对草坪受损情况作出正确地调查分析，即时采取措施予以修补。修补多采用移栽法，移栽后立即灌水、碾压，以利于其迅速恢复生长和覆盖地面。若采用直播修补，在早春或晚秋季节，将经过催芽的草籽与肥料均匀混合撒在草坪上，通过水肥管理使草坪恢复良好密度与均匀性，恢复使用价值。

（5）抽条复壮

抽条复壮法是指在平整密集的草坪上，每隔 30~40cm 挖取 30cm 宽的一条表层土，增施泥炭、堆肥泥土或者河沙，重新垫平土地。具有匍匐能力的草茎在生长期内，很快生成新苗，填补空缺。再过一两年，可把余下的另一条老草坪挖走，更换肥土。如此反复，三、四年可全部更新一次。此法多用于北方种植的暖地型草坪，如野牛草、结缕草、狗牙根等。

4.8.5 复壮方案的制订与实施

（1）若主要起因于表土层严重板实，耕作层土壤不均一，芜枝层过厚等，可以采取深中耕措施进行养护管理。

（2）以草、病、虫危害为主，则以相应的保护管理为主进行养护管理。已造成大范围"天窗"的则需补种、补植或补铺。

（3）若是上述两类兼有的草坪，应制订综合方案，注意互利养护管理措施的相互配合。如深中耕的副产品做成草皮塞，可以作补"天窗"的材料等。

4.8.6 衰退草坪的更新

草坪的更新即重新建立一块草坪。强调认真总结已退化草坪的经验教训，在重新建坪的过程中务必消除前弊。

草坪建植与养护

任务分解

1. 衰退原因诊断

现场调查分析草坪衰退的原因,确定其衰退属于养护管理不当,还是草坪利用过度,还是草坪草寿命限制等原因。

2. 衰退程度调查

调查草坪的杂草频度、病虫害发生的程度,调查草坪的密度、盖度、均一性,分析草坪的综合质量,评估其功能完好程度;调查斑秃、"天窗"的数量及面积。

3. 补植、补种复壮作业

对"天窗"、斑秃等衰退地段进行标记,对这些衰退地段进行清理杂草、病虫害的防治处理,翻耕松土,补植草块或者补播草种,并浇水保湿至成活。

任务实施

1. 场所、材料及用具

场所:出现了斑秃、"天窗"等症状的衰退草坪。

材料及用具:每组配备已经成坪(或已经局部衰退)的草坪一块(100m² 左右)、锄头、钉耙、10cm×10cm 取样筐、1m×1m 取样筐、20cm 透明直尺、取土器、小塑料桶 2 个、红色标桩、草坪草种子或草坪、浇水管。

2. 方法及步骤

学生以小组为单位,建议 10~15 人一组,在教师的指导下进行。

(1)清除杂草

复壮前,清除草坪上的杂草不仅属于一种复壮手段,也便于确定"天窗"与斑秃的范围。

(2)调查草坪衰退情况

①目测整块草坪的生长情况(衰退情况);

②选取有代表性的区域,用 10cm×10cm 取样筐调查草坪的密度与盖度;

③用小铲子挖取有代表性的草坪植株,用 20cm 透明直尺测量其株高,调查其出叶情况、分蘖数量,测量根长以及根分布的直径;

④调查草坪上害虫的发生情况;

⑤用 1m×1m 取样筐调查草坪杂草的频度,用取土器调查土壤板结情况。

(3)草坪裸露区域标记

用红色标桩对需要补种与修复的草坪裸露区域进行统一打桩标记。

(4)补植、补种修复天窗

①清理标桩附近的杂草与芜枝层,并用小锄头进行松土翻耕;

②若是病害造成的衰退，则用喷雾器对翻耕好的土壤喷施百菌清稀释液；

③用小塑料桶装上草种或者草坪幼苗(或者小块草皮)，根据实际情况决定补播草种或者补植草坪草幼苗(或者补铺草皮)；

④补种后，用洒水壶浇透水，面积大的，可以用喷灌或者皮管浇灌，以后每天对补种部位进行浇水保湿，至草种成活；

⑤清理场地，收集好工具；

⑥复壮期间，进行临时封场育草，并对整块草坪进行杂草控制以及合理的水肥管理。

(5)复壮效果评价

2~3周后，再对复壮草坪进行景观与使用功能调查评价，根据评价结果，调整草坪的养护管理措施。

3. 要求

(1)对衰退的草坪实地调查，分组讨论分析，在教师的引导下，正确总结出草坪衰退的原因；

(2)采取针对主要衰退原因的措施，结合加强养护管理的手段，对草坪进行有效的复壮，使草坪恢复景观以及使用价值；

(3)2周后，对复壮的效果进行评价，确定应对措施，如调整养护管理的内容。

考核评价

(1)理论考核：完成实训报告。

(2)实践考核：现场考核调查的项目是否全面，结论是否正确，考核补植复壮操作程序是否符合要求，补植后的成活率与复壮效果是否满意。

附　录

附录1　其他营养繁殖建植草坪的常用方法

一、草茎分栽法

前期操作过程同播茎法，但在获得分株以后，用各种方式，或栽植，或埋植于建坪地内。这类方法较播茎法的成活率高，但栽植或埋植时需要花费大量的人工。

二、草皮柱塞植法

草皮柱塞植法分为两种。一种是旱作地区的草皮柱塞植法，与前面的草皮块相似，不同点在于草皮柱是分割成更小的小块，其截面积小于所带土的厚度，栽植方法相同。另一种是水田地区的栽秧法，即将草皮抓在手中，随手分栽。栽好后放水，轻度搁田，以后保持干干湿湿，直至成坪。这种方法常见于利用稻田生产细叶结缕草和沟叶结缕草的草坯(附图1)。

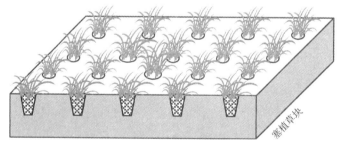

附图1　草皮柱塞植

三、草皮柱撒播法

草皮柱撒播法也分为两种。一种是旱作地区，将草皮柱直接撒播于整好的地面上，然后盖土、浇水，直至成坪为止。另一种是水田地区，将草皮柱抛播到整好的水田中，管理至成坪为止，类似于水稻的抛秧法。

除以上方法以外，还有旱作地区的匍匐茎小段扦插法、草茎小段扦插法、水田地区的栽秧法等。这几种方法都是将匍匐茎切成小段，扦插到整好的田地中。

附录2 常见草坪草种

一、主要冷地型草坪草

(一)羊茅属(*Festuca*)

禾本科多年生植物,广泛分布于温带和寒带地区,我国有23种,其中高羊茅、紫羊茅、匍匐紫羊茅、羊茅、草地羊茅、硬羊茅6个种可以作为草坪草利用。

1. 高羊茅(*Festuca arundinacea*)

别名苇状羊茅,苇状狐茅,为利用率最高的冷地型草坪草之一。

(1)识别要点

疏丛型禾草,茎通常直立,茎基部紫红色。叶片带状披针形,叶先端渐尖,叶边沿有细锯齿,心叶卷曲;叶色深绿色,叶脉明显。圆锥花序,直立或下垂,披针形到卵圆形(附图2)。

附图2 高羊茅植株与花序

(2)生态习性

冬季-15℃可以安全越冬,夏季可耐短期38℃高温,但是受低温、高温伤害后,寿命缩短,甚至成为一、二年生植物。在年降水量450mm以上,海拔1500m以下的半干旱地区都适宜生长。低温条件下,无论干、湿,受损害较小;但在高温高湿条件下(如温度高于 25℃），极易致病；高温条件下，持续干旱 10d 以上，可导致大量植株死亡。喜光，但中等耐阴。除砂土等轻质土壤外，均宜生长，适宜 pH 为 5.0～7.5。北京地区表现为夏绿，绿期 240～280d；南京地区表现为冬绿，绿期近 300d，有"两黄"现象。

2. 紫羊茅（*Festuca rubra*）

别名红狐茅、紫狐茅、红羊茅等。广布于北半球温、寒地带，我国东北、华北、西北、华中、西南等地均有分布。

（1）识别要点

禾本科羊茅属长期多年生禾草。具横走茎。秆基部斜升或膝曲，株高 45～70cm，基部红色或紫色。叶大量从根际生出，叶鞘基部红棕色并破碎成纤维状，叶片光滑柔软，叶面有绒毛，对折或内卷，呈窄线形。圆锥花序狭窄，稍下垂，分枝较少（附图3）。

附图 3　紫羊茅植株与花序

（2）生态习性

冷地型草坪草，喜凉爽湿润气候。气温 4℃，种子即可萌发；10～25℃ 为生长最适温度；不耐热，气温 30℃ 时，即出现萎蔫；38～40℃，植株枯死。耐寒；-30～-40℃ 下安全越冬。适应湿润、半干旱地区湿润环境，较耐旱。喜光，中等耐阴。砂质土壤中生长良好，耐瘠薄，适宜的 pH 为 5.2～7.5。北京地区夏绿，越夏死亡率 30% 左右，绿期 270d 左右；南京地区冬绿，绿期 300d 左右，越夏死亡率通常超过 50%；受高温损伤后，越夏率逐年下降变成短期多年生，甚至二年生禾草。

（二）早熟禾属（*Poa*）

分布于温带和寒带地区，应用于冷地型草坪的主要有 4 种，即草地早熟禾、加拿大早熟禾、粗茎早熟禾、一年生早熟禾。

1. 草地早熟禾（*Poa pratensis*）

别名六月禾、牧场早熟禾、蓝草。是典型的大陆东岸型、冷地型草坪草种，为全世界温带湿润地区，尤其是年均温度 15℃ 左右地区引种的著名草坪草。

（1）识别要点

禾本科早熟禾属多年生长寿禾草。自然株高 20～50cm，矮生型品种 15～20cm，须根发达，有细长匍匐根状茎，疏丛型，杆直立，茎秆光滑，圆形，压扁或圆桶状，多分蘖。叶片扁平，柔软光滑，条形或细长披针形，对折内卷，先端船形。叶舌膜质，截形；叶鞘粗糙，疏松，具丛条纹，长于叶片。圆锥花序卵圆形或塔形，开展，先端稍下垂（附图4）。

(2) 习性

喜冷凉湿润环境。5℃开始生长，15～32℃全株可以充分生长，温度低于5℃或高于32℃，随温度的下降或升高，生长速度相应减弱。-9℃不黄枯。土壤水分状态能明显影响植株对低温、高温的耐性。如空气潮湿与高温相结合，植株易感病。发育良好的根状茎具有一定的耐旱性和较强的抗寒能力，-38℃下可以安全越冬。全日照下生长发育良好；如土壤湿度适宜，养分充足，可耐轻度遮阴。适宜于中性至微酸性、肥沃且排水良好的土壤中生长。能耐pH8.0～8.3的盐碱土。耐瘠薄土壤。高寒地区夏绿，绿期200d左右，北京地区绿期270d左右；南京地区冬绿，绿期300d左右。越夏存株率小于50%，随年龄的增加逐渐下降，数年后消亡，成为短期多年生禾草。

附图4 草地早熟禾植株与花序

2. 早熟禾（*Poa annua*）

别名小鸡草，一年生早熟禾等。世界广布型禾草，我国南北各地均有分布。在北方通常为一年生；在南方则为二年生。

(1) 识别要点

丛生，淡绿色，成熟期株高8～25cm，须根系，具有细长横走的根状茎。茎秆圆形、细弱光滑，常有很多分蘖。叶鞘自中部以下闭合；叶舌钝圆，膜质，较宽大；大部分基生叶比草地早熟禾短，叶片扁平，质地柔软，常出现皱缩，叶尖先端船形。圆锥花序开展，疏松。小穗卵圆形，草绿色。

(2) 生态习性

适宜温暖潮湿的生态环境，喜潮湿、肥沃、细致、pH5.5～6.5的偏酸性土壤，不耐水淹，耐盐碱性较差。抗严寒，耐阴湿，耐遮阴，在西北、华北、东北等高海拔寒冷阴湿的山地生长茂盛，怕干旱，一旦高温、干旱同时出现，迅速枯死。喜肥，也耐瘠薄。温寒地带夏绿，过渡带与亚热带、热带则为冬绿。

一年生早熟禾具有非凡的种子自繁能力。南京地区几乎整个生长季节都能结籽，晚春结籽最多。

附图5 一年生早熟禾植株与花序

(三)黑麦草属(*Lolium*)

1. 黑麦草(*Lolium perenne*)

别名多年生黑麦草、宿根黑麦草、矮生黑麦草。分布于欧、亚、非三洲交界处。

(1)识别要点

短期多年生禾草,疏丛型,具有细弱根状茎,茎直立,茎秆多数丛生,质地柔软。须根发达而稠密,根系较浅;叶鞘疏松,通常短于节间。叶舌短小,叶片窄长,先端渐尖,富弹性,呈深绿色,具光泽;叶片质地柔软,上面被微毛,下面平滑,叶脉明显,幼叶折叠于芽中。穗状花序直立,小穗扁平无柄,含花3~10朵,互生于主轴两侧。种子扁平,呈土黄色,长4~6mm,夏季开花结实(附图6)。

附图6 黑麦草植株与花序

(2)生态习性

黑麦草喜温暖湿润气候,喜光不耐阴,生长周期一般为4~6年,较耐践踏和修剪,再生性好。生长最适温度20~27℃,耐寒,抗霜,-10℃时,能保持良好的绿色,能耐-15℃低温,低于-15℃产生冻害,并随低温程度的加强而冻害加剧,甚至死亡。春秋季生长较快,冬季生长缓慢,在北方地区入冬后生长停滞,盛夏进入休眠。气温10℃时生长较快。不耐热,35℃以上生长不良,39~40℃分蘖枯萎,甚至全株死亡,南方地区越夏困难,东北、内蒙古、西北等地则不能稳定越冬。北京地区,秋播越冬率接近50%;上海越夏休眠;南京地区越夏率小于50%,而且存余植株受到热伤害后,次年越夏往往全部消亡。年降水量1000~1500mm的地区生长良好。干旱可以加剧低温或高温的不良影响。喜光,耐阴性差。pH6~7、中等肥沃、湿润、排水良好的壤土或黏壤土生长良好,不耐瘠薄。

一般采用种子直播建坪,单播种子用量为 15~24g/m²,春、秋均可播种,以秋播较好。由于黑麦草冬季颜色好,分蘖力强,早春生长比一般草坪植物早。多用于与其他草坪草种混合铺建高尔夫球场及其他草坪。

(四)剪股颖属(*Agrostis*)

禾本科,约 200 种,广布世界各地,主要分布于温带和亚热带的高海拔地区。我国有 26 种,广泛分布各地。常用于草坪的有匍茎剪股颖、细弱剪股颖、绒毛剪股颖和小糠草 4 种。

1. 匍茎剪股颖(*Agrostis stolonifera*)

别名匍枝剪股颖、匍匐剪股颖、本特草、四季青、窄叶四季青等。广布欧亚大陆温带,为世界各地引种。我国河北、河南、浙江、江西、四川、甘肃等地的河滩、谷地较为常见。

(1)识别要点

长期多年生禾草,复合型。株高约 30cm,须根系,根系较浅,具有长的匍匐枝,茎节着生不定根。秆直立,多数丛生,细弱。叶鞘无毛,下部长于和上部短于节间;叶舌膜质,长圆形,长 2~3mm,先端近圆形,微破裂;叶片线形,长 7~9cm,扁平,宽达 5mm,边缘和脉上微粗糙。圆锥花序开展,卵形,小穗暗紫色(附图7)。

附图7 匍匐剪股颖植株与花序

(2)生态习性

匍茎剪股颖用于世界大多数寒冷潮湿地区,也被引种到过渡气候带和温暖潮湿地区稍冷的一些地方。耐寒,0℃ 左右尚能缓慢生长,15~30℃ 生长充分。中等耐热,喜潮湿,能耐短期涝、渍,较耐旱,但干、热交加的情况下易死亡;如湿、热交加,极易致病,严重时一个晚上即能毁尽。喜光,中等耐阴。pH5.2~7.5、排水良好、肥沃湿润的砂质土壤生长较好,坚实土壤生长不良。京津地区夏绿,绿期 250~260d。长江中下游地区冬绿,南京地区绿期 300d 左右,但由于伏天的影响,存株率第一年在 50% 左右,以后逐年下降,数年后消亡,变成短期多年生禾草;如有遮阴,在无病害的情况下,则可基本保持常绿,且能延长生存期。

2. 细弱剪股颖(*Agrostis tenuis*)

别名棕顶草、本特草。分布于欧亚大陆温带及我国山西、河北等北温带地区，为英国著名的传统草坪草种。

(1) 识别要点

禾本科剪股颖属多年生禾草，须根系，具根茎。株体低矮致密，高 20~36cm；茎秆丛生，直立。叶扁平、纤细，近轴面有脊且光滑；幼叶旋卷，无叶耳，叶舌膜状，长 0.3~1.2mm，平截形。圆锥花序，花序疏松(附图 8)。

(2) 生态习性

细弱剪股颖生态特性及其对环境的要求，生长发育习性与草坪栽培管理特点、应用均与匍茎剪股颖相似。从南京地区细弱剪股颖的几个品种栽培来看，绿期与匍茎剪股颖相近，但对水的要求略低，耐旱性略强。如将细弱剪股颖与匍茎剪股颖混种，可以获得近似于"纯一"的草坪，同时也能提高适应性和抗逆力。细弱剪股颖对我国北方和过渡带气候具有广泛的适应性，表现很优秀。

附图 8 细弱剪股颖植株与花序

二、主要暖地型草坪草

(一) 狗牙根属(*Cynodon*)

禾本科植物，含十几个种，各包括几个种间杂种，用作亚热带和热带草坪。

1. 狗牙根(*Cynodon dactylon*)

别名百慕大草、铁丝草、扒根草、爬根草、绊根草等。在热带、亚热带和温带随处可见，我国广泛分布于黄河以南地区，黄河以北的东北、华北、西北也有分布，典型的世界广布型禾草。

(1) 识别要点

禾本科狗牙根属多年生草本。具根茎，须根细而坚韧，匍匐茎平铺地面或埋入土中，圆柱状或略扁平、光滑、坚硬，节处向下生根，两侧生芽发育成抽穗枝，上部数节直立，光滑、细硬，株高 10~30cm。叶鞘稍松，茎基部因节间较短，叶鞘丛密；叶片平展，披针形，心叶折叠，叶基部近叶舌处有丝状毛；叶舌纤毛状。穗状花序(附图 9)。

附图 9 狗牙根植株与花序

(2) 生态习性

高度耐热，日均温达到24℃或以上时，生长旺盛，其中有的品种能耐持续的40~45℃的高温；日均温降到6~9℃时，生长缓慢，趋于停顿；日均温降至-2℃时，地上部分茎叶枯黄或枯死，以其根状茎、埋入土中的匍匐茎以及休眠冬芽越冬。-14~-15℃时，则影响越冬器官的生存率。年降水量600~1800mm地区广泛生长；干旱与半干旱地区则分布在江河沿岸。能抗较长期的干旱，但怕浅层淹水和渍水，尤其与高温交加，易窒息而死。喜光，不耐阴。具有广泛的土壤适应性，从砂土至重黏土，都能生长，耐肥也耐瘠，但以排水良好、pH6.5~7.0的湿润土壤最佳。

狗牙根在南北回归线之间，一年四季常绿；越过回归线，则为夏绿，绿期随纬度的升高而缩短，如我国广州、深圳一带为常绿；在温州一带，绿期300~365d；上海、南京、杭州一带，绿期270d左右；北京地区仅为180d左右。

狗牙根已被公认为一种优良草坪草种，其使用范围十分广泛，但不适宜于低培育管理或不管理且要求保持相当景观效益的草坪。值得注意的是，未经改良、选择的狗牙根，形成的草坪密度低，质量不佳，但对肥水的要求极低。

狗牙根的改良品种通常针对野生植株节间长、质地粗糙以及耐践踏，耐旱、耐寒、耐盐渍等不足予以选育、改良。

此外，用于草坪的本属植物还有非洲狗牙根(*C. transvaanlensis*)、布拉德雷氏狗牙根(*C. bradleyitent*)、买格尼斯狗牙根(*C. trnagenisitharcombe*)等，均原产于非洲热带。

2. 天堂草(*Cynodon dactylon* × *C. transvadlensis*)

别名杂交狗牙根、杂交天堂草。是非洲狗牙根(*Cynodon transvadlensis*)与普通狗牙根(*Cynodon dactylon*)杂交后，并在其子一代的杂交种中分离选出的。杂交狗牙根除了保持狗牙根原有的一些优良性状以外，还具有叶丛密集、低矮、色绿而细弱、根状茎节间短等特点。又能耐频繁的修剪，践踏后易复苏，长江流域以南绿期一般280d。在华南建植时绿色期更长，它不仅耐寒性强，病虫害少，而且能耐一定的干旱。其特性优良，在推广应用过程中发现，大部分地区建植的天堂草草坪只要养护得当，均能获得比当地狗牙根更优良的草坪。

主要用营养繁殖，方法同狗牙根。由于繁殖系数大，因此易于推广，一般形成的草坪需精细养护，才能保持平整美观。尤其是夏秋生长旺盛期内，必须定期修剪，高度为1.3~2.5cm，以利于控制其匍匐茎的向外延伸。由于修剪次数增多，水肥管理也要相应增加。

天堂草是较好的运动场及娱乐场地的绿化材料，广泛适用于各种运动与休闲草坪。

常用品种有'天堂328'、'Tifgreen'、'天堂419'、'Tifton'、'天堂57'、'Tifiow'和'矮生'天堂草'Tifdwart'等。

(二) 结缕草属(*Zoysia*)

禾本科植物，共50多种，其中结缕草、中华结缕草、细叶结缕草和沟叶结缕草常用于草坪建植。

1. 结缕草(*Zoysia japonica*)

别名日本结缕草、老虎皮草、锥子草、延地青、大爬根、虎皮草。分布于我国辽宁、河北、山东、江苏、安徽至浙江中部，以及朝鲜、日本，多生于滨海、路边、河岸、丘陵。

(1) 识别要点

禾本科结缕草属多年生草本。具直立茎，一般秆高 12~15cm，秆淡黄色。须根较深。具坚韧的地下根状茎及地上爬地生长的匍匐枝，并能节节生根及节部分生新的植株。叶片革质，扁平，具一定的韧度，表面有疏毛，较粗糙；叶舌不明显，有白柔毛。总状花序，结实率较高，成熟后易脱落，种子表面附有蜡质保护物，不易发芽(附图10)。

(2) 生态习性

耐热，又耐寒。-20℃能安全越冬。耐湿，中等耐旱，不耐湿热。喜光，不耐阴。对土壤要求不严，但喜深厚、肥沃、排水良好的砂壤土、山冈轻质壤土等。能适应 pH5.5~7.5 范围。夏绿，绿期在哈尔滨130d左右，上海、南京、杭州一带260d左右，成都地区280d左右。

附图10　结缕草植株与花序

2. 中华结缕草(*Zoysia sinica*)

别名老虎皮。本种与结缕草在植株形态上很难区分，主要凭小穗形态区别鉴定。分布区与结缕草大部分重叠，但一直分布至香港、海南以及东南亚和南亚，可见，该草种较结缕草更耐湿热。

在中华结缕草与结缕草重叠分布区内，虽也可以见到它们各自的单种群落，但常见的是两者的混生群落，形成的自然草坪无不均一的感觉。

3. 沟叶结缕草(*Zoysia matrella*)

别名马尼拉草、台湾草等。广布于亚洲和大洋洲热带以及亚热带地区，多生于海岸沙地。我国分布于海南、台湾、福建、广东、广西以及云南一带，1990年后，逐步北引至青岛。属热带型。

(1) 识别要点

禾本科结缕草属多年生草本。沟叶结缕草在结缕草属中属于半细叶类型，叶的宽度介于结缕草与细叶结缕草之间，叶片宽度2mm左右，叶片细长披针形，叶片表面内陷，形似沟状，心叶卷曲。总状花序，短小(附图11)。

附图 11 沟叶结缕草植株与花序

(2) 生态习性

喜热,较耐寒,短期 -8℃不影响越冬器官的安全越冬,-13℃影响越冬器官的安全,冻死或冻伤,冻伤的植株至次、后年陆续死亡。喜湿,较耐旱。喜光,不耐阴。对土壤要求不严,pH5.5~7.5范围内适应生长,比较耐盐。热带常绿,进入亚热带则为夏绿,绿期随纬度升高而缩短,上海、南京一带绿期260d左右,青岛180~190d,北京露地栽培不能越冬。

4. 细叶结缕草(*Zoysia tenuifolia*)

别名天鹅绒、绒毡草、朝鲜草、天鹅绒芝草、朝鲜芝草等。分布于亚洲、非洲热带。

(1) 识别要点

禾本科结缕草属多年生草本。通常呈密集丛状生长,叶丛可高达10~15cm,茎秆纤细,具地下匍匐茎及地上爬地生长匍匐枝,能节间生根及萌发新植株,须根多,浅生。叶片线形,内卷,长2~6cm,宽0.5mm。总状花序,顶生(附图12)。

附图 12 细叶结缕草植株与花序

(2) 生态习性

喜热,较耐寒,短期 -15℃不影响越冬器官的安全越冬。喜湿,较耐旱,叶片内卷成针状,可明显减少蒸腾。喜光,不耐阴。对土壤要求不严,pH5.5~7.5范围内适应生长,比较耐盐。热带常绿,进入亚热带则为夏绿,绿期随纬度升高而缩短。北京、西北地区露地种植不能越冬。

(三)假俭草属(*Eremochloa*)

禾本科多年生植物,含10个种,目前仅假俭草用于草坪建植,主要分布于热带和亚热带。

假俭草(*Eremochloa ophiuroides*)

别名苏州草、百脚草、蜈蚣草、爬根草、大爬根草、扒根草、中国草坪草等。分布于我国江苏、浙江、安徽、湖北、台湾、广东、广西、四川、贵州、江西、海南以及中南半岛。主要生长在比较潮湿的山坡、路旁、草地。现已为世界各地引种。

(1)识别要点

多年生草本植物。植丛低矮,高仅10~15cm,具有贴地生长的匍匐茎,形似爬行的蜈蚣,故又称"蜈蚣草"。秆自基部直立,常基生,压扁状。叶片线形偏平,基部有疏毛,先端略钝,心叶折叠。总状花序顶生(附图13)。

附图13 假俭草植株与花序

(2)生态习性

喜热,较耐寒。温度降至10℃,叶色由绿逐渐染红而成特殊的紫绿色,-15℃下可保证越冬器官安全越冬。喜湿,但相对怕旱。喜光,耐阴。在湿润、疏松的砂质土壤生长发育良好;贫瘠的粗质土壤也能生长,但需肥水补充,故名"假俭"。耐盐性较差。喜酸性土壤。热带地区常绿;亚热带地区夏绿,并随纬度的升高绿期缩短,上海绿期250~260d,南京绿期230~250d左右,连云港绿期200d或略短。

(3)栽培管理要点

该草叶片肥壮,质地坚韧,生长迅速,再生能力强,耐践踏,耐修剪,又耐粗放管理,并具有很强的抵抗和吸附灰尘的能力。

假俭草既可以种子繁殖又可以营养繁殖,采种后,次年春季播种,发芽率较高。适宜发芽温度为20~35℃。单播种子用量为16~18g/m²;条播行距20~30cm,播后覆土0.5~1.0cm,保持土壤湿润,10~16d出苗,60d左右成坪。营养繁殖可采用散铺草皮块、匍匐茎扦插、匍匐茎撒播等方法。1m²种草可扩繁6~8m²。播后加强管理,40d左右可建成新草坪或草围。该草平整均一,作为园林游憩草坪,可免修剪或少修剪。如作运动场草坪每年可修剪10~15次,即4月1次,5~8月每10~15d修剪1次,9月修剪2次,勤剪时平整美观,并使草坪产生良好的弹性。

假俭草是我国南方的优良草坪草种。可用以建植各类运动场草坪、园林游憩草坪、观赏草坪、飞机场草坪、水土保持草坪、厂矿抗SO_2和灰尘污染草坪等。

（四）地毯草属（*Axonopus*）

禾本科多年生草本，含10个种，目前常应用地毯草和近缘地毯草建植草坪。

地毯草（*Axonopus compressus*）

别名大叶油草、热带地毯草。主要分布在西印度群岛、美国东南沿海平原及中、南美洲热带。我国广东、海南、台湾也有，生长于荒野、道旁等潮湿处。

(1) 识别要点

禾本科地毯草属多年生草本植物。植丛低矮，具匍匐茎，秆扁平，节上密生灰白色柔毛，高8～30cm。叶片柔软，翠绿色，短而钝，长4～6cm，宽8mm，属于阔叶类暖地型草种。穗状花序（附图14）。

附图14　地毯草植株与花序

(2) 生态习性

适合热带与亚热带地区生长，高温多湿生长最佳，旱季或冬季少雨生长甚少。能耐短期涝、渍。喜光，耐阴，在郁闭度达70%的乔木林下，叶色浓绿。特别适于排水良好的砂土、砂壤土。能在pH4.5～7.2的范围内生长。热带地区常绿，亚热带夏绿。南京地区试种，或为一年生，或为短期多年生，数年后消亡。

(3) 栽培养护要点

地毯草既可进行种子繁殖，又可进行营养繁殖建坪。播种繁殖在3～6月均可进行，种子发芽适宜温度为20～35℃，单播播种量为6～10g/m²。播时应细致整地，施足基肥，条播、撒播均可，播后覆土1cm左右，保持土壤湿润，10～15d出苗，50～60d可形成新草坪。营养繁殖可采用草皮块散铺、分株栽植、匍匐茎扦插、匍匐茎撒播等方法，5～7月均可进行。

地毯草生长迅速，匍匐枝互相交错，草层过厚时易引起下层枝叶枯黄。因此，要及时修剪，一般每月修剪3～4次，留茬高度3～4cm。该草易发生锈病，修剪后不要立即灌水，以免病害侵入。

地毯草是我国华南地区的主要暖地型草种之一。该草生长快、草姿美、耐修剪、耐阴和耐践踏。可用于建设运动场草坪、园林专用草坪、林下草坪、游憩草坪、飞机场草坪、水土保持草坪、高速公路草坪。

(五)雀稗属(*Paspalum*)

共有300多种,其中应用于草坪的有百喜草、双穗雀稗、两耳草3种。

1. 百喜草(*Paspalum notatun*)

又名巴哈雀稗。属禾本科雀稗属多年生草本植物,为暖地型草种。

(1) 识别要点

百喜草叶片基生,平展或折叠,边缘具有短柔毛,叶片扁平且宽,茎秆粗壮。根系发达,种植当年根深可达1.3m以上,并且具有强劲粗壮的短匍匐茎,是世界著名的多用型水土保持草种(附图15)。

(2) 生态习性

百喜草适应性广,抗逆性强,生长迅速,能耐一定程度的高温和干旱,耐修剪、耐践踏、较耐阴、抗微霜。喜温暖湿润的气候,在年降水量超过1000mm的地区长势最好,在一些矿区沙地或风沙化土地上,种植第二年单株产生的匍匐茎分蘖多达30多个,能形成致密的草皮,有效限制其他杂草的侵入。由于百喜草匍匐茎紧贴地表,根系深,穿透力强,对土壤有一定的固着力,所形成的草皮能有效拦截雨水并使其下渗入土,使得土壤的含水量增加,因而具有较强的防止土壤冲刷和固土护坡的能力,尤其在缓坡地上表现出相当好的水土保持效果。此外,百喜草比狗牙根对土壤的适应性要广,在干旱贫瘠、土壤pH4.6~6.0的酸性红壤土、黄壤土上都能生长良好。耐水淹性强,抗旱。在肥力相对较低的干燥土壤和砂质较多的土壤上,其生长能力比其他多数禾本科植物都强。百喜草抗病虫害能力尤其强,最适合在贫瘠土壤中栽植。

百喜草类型繁多,主要栽培品有'Pensacola'、'Argentine'、'Tampa'、'Wilmington'、'Tifton-7'、'Tifton-9'、'Wallace'、'Parayuay'等。通常,人们还根据叶的宽度将百喜草分为两类:把叶宽小于0.65cm的称为窄叶种,大于0.65cm者称为宽叶种。我国引进的百喜草品种多为窄叶型的'Pensacola',窄叶种的耐寒、耐阴性强于宽叶种。

(3) 栽培养护要点

百喜草强大的固土能力以及耐贫瘠的特性使其成为在南方广泛用于水土保持的草种之一。除此之外,百喜草还可以用作草坪、牧草、生态恢复等。百喜草的种子卵圆形,有密封的蜡质颖苞,播种时要划破种皮。播种量$10 \sim 15g/m^2$。另外,要特别注意百喜草发芽的适温为20~35℃。一定要在适宜的温度下播种,低温下播种百喜草不萌发。

2. 双穗雀稗(*Paspalum distichum*)

别名水扒根、水爬根等。分布于热带,我国产于华南、云南和长江中下游。习见于路边、水边、湿地,形成茂盛的单种自然群落。

禾本科雀稗属多年生草本。有根茎,株高20~60cm。茎秆粗壮,直立可斜生,下部茎节匍地易生根,节上常有毛。叶片线状,扁平;叶鞘边缘常有纤毛;叶舌长1~1.5mm。总状花序,生于秆顶,小穗两边排列,椭圆形(附图16)。

附图15 百喜草

附图16 双穗雀稗

3. 海滨雀稗(*Paspalum vaginatum*)

海滨雀稗最早在澳大利亚作为草坪草应用,它适于热带和亚热带气候,南非、澳大利亚的海滨和美国从德克萨斯州至弗罗里达州的沿海都有野生。

海滨雀稗具有匍匐茎和根茎。经过修剪留茬高度4.5cm或更低时,可以提供非常稠密的优质草坪,其深绿的颜色可与早熟禾媲美。它的突出特点是具有很强的抗盐性,甚至可以用海水进行灌溉。生长于盐湖周围,不同品种适应的土壤pH范围可达3.6~10.2。耐旱性强于大多数暖地型草坪草;同时耐水淹,耐阴湿,耐贫瘠的土壤。抗病虫害,但在高养护条件下也需要利用化学制剂进行除草、灭虫、防病等管理措施。不耐阴,抗寒性比狗牙根差。

可种植在海滨的沙丘地区,用作水土保持。近年来培育出的海滨雀稗的新品种具有耐低修剪的特性,修剪高度可达3~5mm。可以用于高尔夫球场的球道、发球台和果岭。

(六)野牛草属(*Buchloe*)

野牛草(*Buchloe dactyloides*):

别名水牛草、牛毛草。分布于北美洲大平原半干旱地区,我国及世界各地均有引种栽培。

(1)识别要点

禾本科野牛草属多年生草本植物。具根状茎或细长匍匐枝。秆高5~25cm,较细弱。叶片线形,长10~20cm,宽1~2mm,两面均疏生细小柔毛,叶色绿中透白,色泽美丽。花雌雄同株或异株,排成总状。

(2)生态习性栽培要点

野牛草目前已成为我国北方地区推广面积最大的草坪草种之一。耐寒又耐热,在东北、西北地区,-39℃仍能顺利越冬;南京地区连续17d 35℃以上高温无需灌溉,生长正常。耐旱力极强，2~3个月严重干旱，仍能维持生长。具一定的耐湿能力，但怕淹和渍，尤其在高温交加的情况下，往往导致青枯、死亡。病虫危害较少。喜光，但耐阴性较强，郁闭度达到70%~85%，尚能生长。耐盐，在NaCl含量0.8%~1%、pH8.2~8.4的盐土中仍能正常生长。耐瘠薄。北京地区夏绿，绿期180d左右，有的年份"两黄"，即在冬季和春夏之交，两次黄枯休眠，绿期仅余150d左右。南京地区也是夏绿，绿期230~240d。但无论北京、南京，都是长期多年生禾草。

三、其他草坪草

（一）白三叶草（*Trifolium repens*）

别名白三叶、白车轴草、荷兰翘摇等，豆科三叶草属植物。原产于亚、非、欧三洲交界之温暖地带，该草及其变种是世界上分布最广的一种豆科草种，我国亦广为分布，目前黑龙江、新疆、云南、贵州地区均发现野生资源。世界广布型。

（1）识别要点

白三叶草株丛低矮，株高仅为15~25cm，主根较短，侧根、不定根发达，集中分布在土壤表层15cm以内。根部分蘖能力及再生能力极强。匍匐枝爬地生长，节间着地生根并萌生新芽。掌状三出复叶，叶柄细长；小叶倒卵形或心脏形，叶缘有细锯齿，叶面中央有"V"形白斑；托叶细小，膜质，包于茎上。花序为头状花序，着生于自叶腋抽出的比叶柄长的花梗上，小花众多（附图17）。

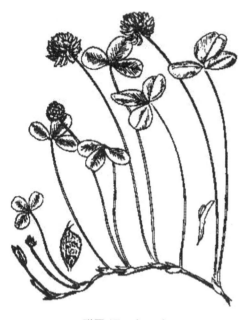

附图17　白三叶

（2）生态习性

喜温凉湿润气候，不耐干旱与渍水，年降水量800~1000mm地区生长良好。种子在1~5℃下萌发，最适为19~24℃。-25℃积雪20cm，1个月能安全越冬。月均温大于35℃，短期39℃仍能安全越夏。喜光，有明显的向光性运动，但具一定的耐阴性。适应pH4.5~8的土壤，pH6~6.5时最有利于根瘤的形成。种子落地有相当的自繁能力，匍匐茎扩展时的营养繁殖能力甚强，所以，一旦形成草坪或地被，只要注意保护开花结实，促进匍匐茎扩展，则越长越茂盛。茎、叶多汁，践踏或坐卧，绿色汁液不仅使衣服染色，而且使草坪滑腻，故一般只用作封闭草坪或地被。

南京地区的绿期，因品种而异，有的为常绿。

（二）小花马蹄金（*Dichondra micranthus*）

别名马蹄金、小马蹄金、金马蹄金、荷包草、肉馄饨草、玉馄饨草、金钱草等。欧洲、美国南部、新西兰等广泛用于观赏草坪和交通安全草坪，世界广布型长期多年生草本。我国江苏、浙江、江西、福建、湖南、广东、广西、云南、台湾亦有分布。

(1) 识别要点

旋花科马蹄金属。具匍匐茎，节着地生根，新老交织。叶扁平，基生于根部，具细长叶柄，叶片肾形，近圆形，能密覆地面(附图18)。

(2) 生态习性

喜光及温暖湿润气候，耐阴能力很强。对土壤要求不严，但在肥沃之处生长茂盛。缺肥时叶色黄绿，覆盖度下降。能耐一定低温，华东地区栽培，冬季最冷时，上层部分叶片表面变褐色，但仍能安全越冬。能安全越夏，基本常绿，但因当年气候夏绿或"两黄"。耐旱力不强。

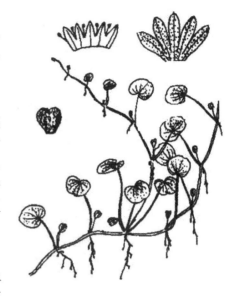

附图18　马蹄金

(三) 麦冬类

麦冬类包括了百合科的多种植物，如麦冬、土麦冬和阔叶麦冬。麦冬类植物并不完全符合草坪草的特征，它介于典型的草坪草和其他地被植物之间，但许多人习惯上把它们作为草坪草应用。由于该类植物具有比较广泛的适应性，在园林绿地建设中得到了比较广泛的应用。

麦冬类植物耐低养护管理，在要求不高的情况下也能形成较好的地面覆盖。

1. 麦冬（*Ophiopogon japonecus*）

别名沿阶草。但它与植物学上的沿阶草（*Ophiogon bodinieri*）并不是同一种植物，应用时应注意区分。麦冬分布于东南亚、印度和日本。在我国除华北、东北、西北外，其他地区均有分布。生于海拔2000m以下的山坡林下或溪旁等地，为多年生常绿草本植物。

须根较粗壮，根的顶端或中部常膨大成为纺锤状肉质小块根。叶丛生于基部，狭线形，叶缘粗糙，长10～30cm，宽1.5～3.5mm。花茎常低于叶丛，稍弯垂，总状花序短小，小花淡紫色，5～9月开花。果为浆果，蓝黑色。

2. 土麦冬（*Lirope spicata*）

别名山麦冬，分布于越南和日本，在我国的华北、华东、华中、华南、陕西、四川、贵州广泛分布。生于海拔50～1400m的山坡、山谷林下、路旁湿地，为矮小簇生草本。

根稍粗，有时分枝多，近末端常膨大成矩圆形、椭圆形或纺锤形的肉质小块根。根状茎短、木质，具地下匍匐茎。叶基生成丛，禾叶状，长25～60cm，宽4～6mm。花茎长于叶丛或与叶丛等长，少数短于叶。总状花序长6～20cm，花淡紫色或淡蓝色。花期5～6月。果为浆果，果10～11月成熟，果黑色下垂。

阔叶麦冬（*Lirope platyphylla*）:

别名大叶麦冬、阔叶沿阶草。分布于广东、广西、福建、江西、安徽、浙江、江苏、山东、河南、湖南、湖北、四川、贵州等地区。日本也有分布。生于海拔100～1400m的山地林下或潮湿处。

(1) 识别要点

为多年生常绿草本,株高30cm左右。根细长,分枝多,有时局部膨大成椭圆形或纺锤形的肉质小块根,根状茎短、木质。叶基生密集成丛,禾叶状,长25~65cm,宽10~35mm,革质。花茎长于叶丛,总状花序长25~40cm,花紫色或红紫色。花期6~9月。果9月中旬成熟,浆果紫蓝色(附图19)。

(2) 生态习性

麦冬类草坪草喜温暖湿润气候,适生于年降雨量1000mm以上,年平均气温16~17℃的地区。较耐寒,遇冬季-10℃低温植株不会受到冻害,在常年气温较低的山区和华北地区亦能正常生长。耐阴,能在荫蔽条件下生长良好,叶色亮绿,生长旺

附图19 麦 冬

盛,但是强阴易引起地上部分徒长。在强光而干旱时叶片粗短,叶尖发黄。宜土质疏松、肥沃、微碱性而排水良好的壤土和砂壤土。在积水、重砂、重黏土壤上生长不良。耐热和耐灰尘性能强,不耐践踏。

(3) 栽培养护要点

主要采用分株繁殖,在冬、春、秋季均可进行。种苗用量为1100~1500g/m²,株行距15cm~25cm,每穴栽植8~10株,栽植深度3~4cm。栽植前应深翻整地,翻土深度为20~25cm。栽植时将叶片和须根短切,留叶长4~6cm,留根长3~4cm,栽前用清水将苗浸2~3h,这样有利生根发苗。

在雨水过多时,沿阶草易染黑斑病,防治的方法是早晨露水未干时撒草木灰150g/m²,或修剪病叶后喷施波尔多液。每隔10~14d喷1次,连续喷3~4次,防治效果良好。

麦冬类草坪草四季常绿、草姿优美,在全光和遮阴条件下均能良好生长,耐热抗尘,管理粗放,取材方便,是优良的观赏草坪和疏林草坪、地下植被草种。

参 考 文 献

白永莉. 2009. 草坪建植与养护技术[M]. 北京：化学工业出版社.
陈利锋，徐敬友. 2001. 农业植物病理学[M]. 北京：中国农业出版社.
陈志一. 2000. 草坪栽培与养护[M]. 北京：中国农业出版社.
丁锦华. 2002. 农业昆虫学[M]. 北京：中国农业出版社.
段碧华. 2011. 草坪建植与养护[M]. 北京：中国劳动社会保障出版社.
韩烈保. 2011. 运动场草坪[M]. 北京：中国农业出版社.
黄巧云. 2006. 土壤学[M]. 北京：中国农业出版社.
李善林，刘德荣. 1999. 草坪全景草坪杂草[M]. 北京：中国林业出版社.
刘云强. 2012. 草坪建植与养护[M]. 郑州：黄河水利出版社.
陆欣. 2002. 土壤肥料学[M]. 北京：中国农业出版社.
潘瑞炽. 2012. 植物生理学[M]. 北京：高等教育出版社.
潘文明. 2006. 草坪建植与养护[M]. 北京：高等教育出版社.
任继周. 2008. 草业大辞典[M]. 北京：中国农业出版社.
苏德荣. 2004. 草坪灌溉与排水工程学[M]. 北京：中国农业出版社.
孙吉雄. 2008. 草坪学[M]. 北京：中国农业出版社.
孙廷. 2013. 草坪建植与养护[M]. 北京：中国农业出版社.
孙彦. 2001. 草坪实用技术手册[M]. 北京：化学工业出版社.
王秀梅. 2012. 草坪建植与养护[M]. 北京：中国水利水电出版社.
许志刚. 2009. 普通植物病理学[M]. 北京：高等教育出版社.
袁明霞，刘玉华. 2010. 园林技术专业技能包[M]. 北京：中国农业出版社.
赵春花. 2010. 草业机械选型与使用[M]. 北京：金盾出版社.
郑长艳. 2009. 草坪建植与养护[M]. 北京：化学工业出版社.
周鑫. 2010. 草坪建植与养护[M]. 郑州：黄河水利出版社.
周兴元，刘国华. 2006. 草坪建植与养护[M]. 北京：高等教育出版社.
周兴元，刘南清. 2011. 草坪建植与养护[M]. 南京：江苏教育出版社.